通天手段：

破局困境的底层逻辑

池淑伟◎编著

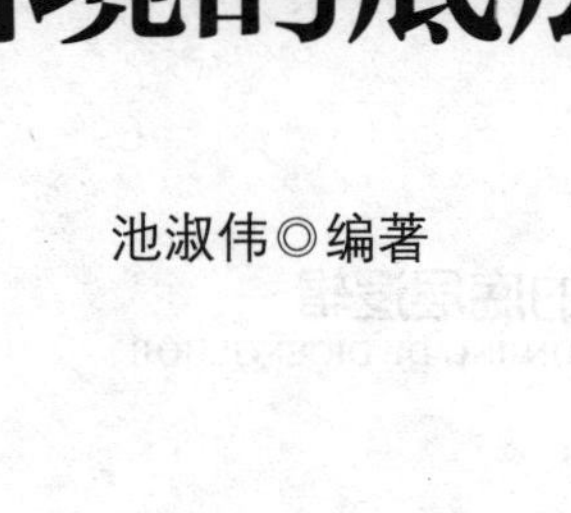

中国出版集团有限公司
China Publishing Group Co., Ltd.
现代出版社

图书在版编目（CIP）数据

通天手段 ：破局困境的底层逻辑 / 池淑伟编著. 北京 ：现代出版社，2025. 5. -- ISBN 978-7-5231-1423-0
Ⅰ. B848.4-49
中国国家版本馆CIP数据核字第20258YT266号

通天手段：破局困境的底层逻辑
TONGTIANSHOUDUAN: POJUKUNJING DE DICENGLUOJI

著　　者　池淑伟

责任编辑　杨学庆
责任印制　贾子珍
出版发行　现代出版社
地　　址　北京市安定门外安华里504号
邮政编码　100011
电　　话　(010) 64267325
传　　真　(010) 64245264
网　　址　www.1980xd.com
印　　刷　北京一鑫印务有限责任公司
开　　本　640mm × 910mm　1/16
印　　张　10
字　　数　120千字
版　　次　2025年5月第1版　2025年6月第1次印刷
书　　号　ISBN 978-7-5231-1423-0
定　　价　69.00元

目 录

第一章

帝王驭臣之术与商业用人之道

曹操智用三将，吸纳任用多元人才

合肥自古就是兵家必争之地。建安二十年（215），东吴十万大军围攻合肥，相对曹魏的七千兵力来说，占了巨大优势。当时，曹操北征汉中还没有回来。魏将张辽、李典、乐进诸部奉曹操之命镇守合肥。但是，张辽、李典、乐进三人平时就意见不合，在孙权大军进攻合肥之际更是意见相左，应该退却还是继续前进，三人无法统一意见，合肥的形势异常危急。

在这个危急时刻，曹操虽身处汉中，却对远在合肥的防御战事的人事调度做了详细规划。他派人送来密信一封，传达了其指示："若孙权挥军进攻合肥，由张、李二位将军负责迎战，而乐将军守城。"三将看完信后，张辽主动请缨，愿亲自领军出战，与敌人决一死战。尽管他担忧其他两位将军可能不会赞同，但李典经过一番沉思，最终被张辽的决心所感染，慷慨陈词道："此事关乎国家利益，岂能因私怨忽视大义？"他表示愿放下前嫌、服从命令，并全力协作守卫合肥。

张辽首先带领由八百个壮士组成的精锐部队，抱着必死的决心，对吴军发起了猛烈的突袭。这场突击势如破竹，张辽与其精锐部队直捣敌军阵营。面对突如其来的曹军，孙权感到震惊和恐慌，初时甚至不敢迎战。然而，当他察觉到张辽兵力很少后，迅速调动部队进行反击。张辽浴血奋战，率领数十人杀出了一条血路，突出了重围。但是也有一部分士兵未能突出孙权的包围圈，他们看着张辽，大声喊叫："将军万不能舍下我们呀！难道将军就这样逃离吗？"看到与自己并肩战斗的将士陷入危难之际，张辽不顾个人安危，再次回马冲到吴军之中，其表现得威猛无比，无人敢阻挡，成功地营救了剩余的战士。

此役过后，吴军的士气大受打击，而曹军士气大涨，军心大振。魏军守城情绪高涨，孙权攻城十余日无果，只得带领部队撤离。就这样，魏军取得了保卫合肥的胜利。而在吴军撤退至逍遥津时，张辽再次率兵发起偷袭，令吴军措手不及。这次袭击严重削弱了吴军的战斗能力，甚至在混战中，孙权本人也险些被张辽俘获，幸亏得到凌统、甘宁等将士的拼死保护，才得以脱身。

古为今用

曹操在合肥之战中智用三将的故事，体现了其卓越的领导艺术和用人之道。这种用人策略，不仅化解了内部矛盾，还充分发挥了每个人的优势，最终取得了战争的胜利。

这个故事告诉我们，在现代吸纳任用多元人才时，领导者需要具备敏锐的洞察力和高超的用人智慧。首先，要善于发现每个人的优点和特长，将其放在合适的岗位上，使其发挥最大的潜能。其次，要善于协调不同性格和背景的人，化解矛盾，促进团队合作。最后，要敢于打破常规，不拘一格地使用人才，以适应不断变化的环境和挑战。

在为人处世中，我们也要学习曹操的这种用人之道。要善于调动和利用各种资源，发挥团队的整体优势。要有大局观和前瞻性，提前做好规划和准备。只有这样，我们才能在激烈的竞争中立于不败之地，实现持续的发展和进步。

武则天广纳贤才，化敌为友

武则天当上女皇后，选举人才不拘一格，不仅不计较被选者的门第高低，不欺压平民百姓，更重要的是不避讳与她有仇怨的人。她对仇敌之女上官婉儿的任用就彰显了她的大度和卓越的识人用人能力。

上官婉儿是唐高宗时宰相上官仪的孙女，大臣上官庭芝的女儿。麟德元年（664），上官仪为唐高宗起草废黜武则天的诏书一事败露，导致上官仪被武则天所诛杀，其家族亦受到牵连而衰败。当时仅是婴孩的上官婉儿与其母郑氏被贬为奴隶。为奴期间，其母悉心教导上官婉儿，所以她很小时便能博古通今。在十四五岁时，婉儿已经长成风华绝代的美人，她举止优雅，天生聪慧，具有一目十行的记忆能力。与同龄人相比，上官婉儿的文采和文笔也显得出类拔萃。她的诗作不论是记游写景的，还是抒怀言志的，诗风都清丽、独特，是唐代诗中不可多得的佳品。

14 岁时，上官婉儿创作了《彩书怨》一诗，被武则天无意中发现。武则天难以置信这么好的诗竟会出自一位女孩儿之手，便以室内剪彩花为题，让她即席作出一首五律来，要求使用与《彩书怨》相同的韵脚。婉儿稍加考虑，迅速作出："密叶因裁吐，新花逐翦舒。攀条虽不谬，摘蕊讵知虚。春至由来发，秋还未肯疏。借问桃将李，相乱欲何如？"武则天看后，连声称好，并夸她是一位才女，但对"借问桃将李，相乱欲何如"一句装作不解，武则天询问其意，婉儿巧妙回应道："是说假的花，以假乱真。"武则天进一步逼问其是否暗藏讽喻，婉儿沉着应对，指出诗歌的解释取决于解读者的心境，若皇上认为含有影射，她亦无异议。这种坦率而坚定的态度赢得了武则天的喜爱，她不仅未表怒意，反而表达了对婉儿刚强性格的赏识。

武则天拉住上官婉儿的手，亲切地给她讲起了当年自己入宫当才人时如何驯服烈马狮子骢的经历。接着又问婉儿说："我杀了你祖父和父亲，你应该对我恨之入骨吧？"婉儿依旧平静地回答："如果陛下以为是，奴婢也不持异议。"武则天又夸她答得好，还表示正期待着这样的回答。接着，武则天对婉儿的祖父上官仪的文采表示赞赏，并解释杀害他是形势所迫，如果上官仪不帮助皇帝起草废后诏书也就不会有杀他全家的事情发生了。武则天心中十分喜爱上官婉儿，希望婉儿能够理解她并效忠她！

然而，婉儿非但没有效忠武则天，反而出于为家人报仇的目的，参与了政变成为罪犯。依据当时的法律，其罪应受绞刑，考虑到其年幼无知，可被贬至岭南。然而，武则天在审视此案件时提出，虽然罪行严重，但鉴于婉儿年少，若接受进一步教育，仍有可能改过自新，故不宜执行死刑。另外，对于一个少女而言，发配至岭南，其艰苦环境及长途跋涉过于严苛。况且婉儿天资聪慧，若能加以精心培养，势必能够成为卓越之才。基于这些考量，武则天选择以黥刑处罚婉儿，即在她的额上刺一朵梅花，把朱砂涂进去。并把婉儿留在自己身边，说要亲自感化她，而且还说："如果不能感化一个小女孩儿，又怎么能够以德感化天下呢？"

随着时间的推移，在武则天愿用人、能识人的感召之下，上官婉儿对武则天的态度由极度的仇视和厌恶转化为尽心拥护和辅佐。武则天对上官婉儿的爱护和信任，也促使上官婉儿在日益精心服侍武则天的同时能进一步悉心体会武则天的思想和谋略，成为她不可缺失的左膀右臂。从圣历元年（698）开始，武则天在称帝时期的文书和昭告多数由上官婉儿起草和撰写，极大地促进了武则天帝王事业的开拓。

才华横溢的上官婉儿，在武则天的重用和熏陶下，对唐代文化的发展作出了贡献。

古为今用

武则天广纳贤才，重用上官婉儿的故事，展现了她超越个人恩怨、唯才是用的宽广胸怀。将潜在的敌对关系转化为合作共赢，这种化敌为友的智慧，在现代化社会中同样具有重要意义。

在现代社会，人与人之间的合作与竞争并存，如何处理好敌对关系，实现从对立到协作的转变，是个人成长和企业发展中的重要课题。在面对竞争或矛盾时，应以开放的心态去识别和利用对手的优点，而不是单纯地排斥或对抗。这需要我们在坚持原则的同时，也要具备一定的灵活性和包容性，学会欣赏并吸纳对方的优点。

在处世上，我们要超越狭隘的自我，看到更大的图景。我们需要学会放下过往的恩怨，更多地考虑如何将双方的资源、能力整合起来，共同面对挑战，创造更大的价值。这种能力不仅能够帮助我们建立更为稳固和广泛的社会联系，还能够在复杂多变的环境中找到更多的机遇。

燕昭王筑造黄金台招贤，用诚意招揽人才

燕王哙的小儿子名职，即燕昭王。其实燕王哙并没有把王位传给自己的儿子，而是禅让给了相国子之。这个决定使燕国爆发了内乱。齐国齐宣王以讨伐子之、扶持太子的名义出兵燕国，一度进犯至都城，燕王哙及相国子之被杀。这场战乱致使燕国百姓流离失所，燕国几乎亡国，史称“子之之乱”。职于流离失所之际，初赴韩国，继而转至赵国，受到赵武灵王扶持，并助其返国即位。公元前 311 年，职继承王位，史称燕昭王。

在战国七雄当中，燕国原本实力就弱，内乱进一步削弱了国家力量，使疆域分崩，民心涣散，加之外患，情势岌岌可危。即位不久的燕昭王誓要振兴已然千疮百孔的燕国，打算招募贤才，决心力挽残败的国势。他首先拜访了燕国的谋士郭隗，与郭隗做了一次有关人才问题的推心置腹的谈话。

郭隗说：“让天下人心向己的君主视才如师，与其同朝共事；成就王业的君主待才如友，与之并肩作战；成就霸业的君主则将人才视为臣下，与其共同处理国事；让国家灭亡的君主，则把人才当作苦力任意驱使。若能卑躬屈节地去伺候人才，把人才请到堂上虚心求教，远超自身的杰出者将纷纷来投；操劳在前，休息在后，求教比别人早去，别人已经不问了，自己还求教不止，那么十倍优于自己的人才将汇聚而来；别人做什么，自己就做什么，那么和自己一样的人就会到来；若模仿他人之所为，那么只能吸引与自身相仿的人才；若是傲慢无礼，只会招来听命行事的仆人；若以愤怒和威压

待人，最终只能拥有唯命是从的奴才。”

郭隗告诉燕昭王，在当前这个战乱不断的年代，为了维系国家的长治久安、实现国家强盛的目标，统治者必须放下身段，以谦卑之心向有识之士求教。如此，方能迅速吸引并聚集各路英才为国所用。

足智多谋的郭隗紧接着讲了一个有趣的故事。一个君王非常想要得到一匹千里马，然而三年的苦苦寻找却未能如愿。他的手下主动请缨，承诺能够完成这项艰巨的任务，于是君王便委派他为使者，负责寻找千里马。经过三个月的寻找，这位使者在途中偶然遇到了一群人围观一匹死去的马叹息不已，使者觉得很奇怪，过去问是怎么回事。有人告诉他说：“太可惜了！这可是一匹日行千里、风驰电掣般的千里马呀。”随后使者的做法令人百思不得其解，他竟用五百金买下死马的骨头，运回去见国君。国君见了大怒，说：“我要的是活的千里马，你却用重金换取了这些无用的骨头。”使者却自信地解释道：“国君爱千里马，国人尚未明了。我故意用重金买回一副千里马骨架，必然引起众人好奇，就会竞相宣传。若对于死马都如此看重，那么活马的价值又该何等珍贵？天下人都会认为大王能赏识千里马，而千里马也将不远万里而来。恳请大王耐心等待。”正如使者所预言，不到一年的时间，君王便成功获得了三匹令人梦寐以求的千里马。

故事讲完后，郭隗便对燕昭王说：“若君王真心渴望招贤纳士，就从重视我郭隗开始。倘若像我这样的凡夫俗子都能受到大王礼遇，那些真才实学之士必将慕名而来。”燕昭王觉得郭隗的话很有道理，于是封他为国师。同时，燕昭王在易水河畔筑起一座高台，上面的黄金堆积如山，此台专为吸引四方的英杰所设，取名“黄金台”，又叫“招贤台”。这则消息迅速传遍诸侯国，于是，赵国的剧辛、齐国的邹衍等名士相继来到燕国。魏国人乐毅得知燕昭王高筑“招贤台”，也来投奔燕国。燕昭王了解到乐毅通晓兵法，满腹韬略，就拜他为亚卿。得益于这些智者的辅佐，燕国国力日益壮大。后来，乐毅为报燕昭王的知遇之恩，充分发挥自己的才能，率领燕国军队一举攻下齐国七十余城，一直打到齐国国都临淄，齐王逃窜，而珠宝珍器、车马辎重悉数归燕，终于破齐雪恨，为燕昭王报了杀父之仇。

古为今用

燕昭王筑黄金台招贤的故事不仅反映了燕昭王礼贤下士的胸怀，而且也启示了人才的重要性。

如今，诚意招揽人才依然是企业发展和社会进步的关键。在现代商业和社会管理中，领导者和管理者应当具备燕昭王那样的智慧和胸襟，不拘一格地吸引和培养人才。通过提供有竞争力的薪酬福利、良好的工作环境和广阔的职业发展空间，以及尊重和激励人才，可以吸引优秀的人才加入团队，从而为组织注入新的活力。

诚意和尊重是人际关系中不可或缺的要素。无论是对待同事、合作伙伴还是客户，真诚的态度和对他人价值的认可，都能够建立信任和尊重，从而促进合作和交流。这在现代职场和日常生活中同样适用。

曾国藩知人善任，团队成员关系协调

曾国藩是中国近代理学家、战略家、文学家，十分讲求用人之道。他自创了一套较为完整的人才选拔和使用理论，并应用在自己的政治、军事实践中。他强调人才之间具有相互吸引的作用。他在致友人的信函中，以生动的比喻阐述了这一理论："求人之道……又如蚨之有母，雉之有媒，以类相求，以气相引，庶几得一面可及其余。"意思是说，访求人才要像青蚨的母子不离开一样，要像家雉招致野雉那样，注重人才的相互吸引，使其能够结伴而来。这里面有一个典故，传说青蚨是一种在草叶上繁殖，可以飞行的小虫，青蚨的一个重要习性就是母子相依为生。如果得到其子，其母必将追随而来。曾国藩以此做类比，提出了一个核心人才吸引原则，即物以类聚、人以群分，一旦招揽到关键性人才，便能引发连锁反应，吸引更多相关人才。

在这种方法的指导下，曾国藩招纳了李鸿章为己所用后，又把李鸿章的兄弟李瀚章等招揽到自己门下。湖南名士罗泽南是一位学术造诣颇深，也很有治才经验的人，他曾经长期为师授徒，门下弟子众多。曾国藩招揽罗泽南，罗泽南的弟子闻讯后，纷纷来投靠曾国藩，其中有名的就有李续宾、李续宜、王鑫等。后来他们有的在湘军中担任重要职务，如李续宜便是湘军中一位英勇的战将。徐寿是中国近代史上著名的科学家，他在投奔曾国藩之后，又推荐了另一位科学巨匠华蘅芳。

曾国藩也重视利用乡籍关系招揽人才，特别是湖南地区的人才，他更是全力以赴地争取。例如，除了他的兄弟，他还招揽了左宗棠、王闿运、郭嵩焘、刘蓉、彭玉麟等人，这些人后来有的成为封疆大吏、外交家，有的在学术界的声望无人能及。有人统计过，晚清时期政治、文化与科技领域中，有三分之二的杰出人物均源自曾国藩的门下。曾国藩的势力之广和影响之深，是绝无仅有的。这到底是什么原因呢？原来，曾国藩有一个培养人才、团结人才的秘诀，那就是他把人才放出去，他们所争夺的权力和利益，最终也将回馈给曾国藩。

曾国藩的成功，归根结底是扶持人才的成功。他在造就人才方面有一条很重要的体会："对人才要倍加珍视，赞美时应如春雨润物，训诫时应似霜露凌厉。口不绝赞语，笔不停劝勉，何人不志在高远！"

从历史和自己的经历中，曾国藩总结出一条成功的铁则，那就是为了实现组织扩张的宏图，领导者须采取分权的策略，赋予下属足够的自主权以促进他们的自由发展。而选择什么样的下属赋予自主权，以及在何时给予他们独立的成长空间，均是决策中的微妙之处，需要谨慎斟酌。

李鸿章所募淮军到安庆后，曾国藩亲自为他定营务规则、武器运用及薪粮标准，全部依照湘军的制度来执行，甚至利用湘军的训练规范进行培训。在淮军正式成立之际，李鸿章移驻至安庆北门外的新营地，而此时，曾国藩亲临现场以示祝贺。李鸿章深知淮军实力单薄，难担重任。因此他恳请曾国藩调拨数营湘军，以加强战斗力。

左宗棠加入曾国藩麾下后，尽管名义上担任的是四品衔帮办军务，但实际上他迅速被委以重任，负责编练湘军。左宗棠回乡招募士兵，不久便建立了一支超过五万人的强大军队，成了一股举足轻重的力量。曾国藩大胆任用左宗棠，派他收复了浙江和福建，使他很快与自己平起平坐。

古为今用

曾国藩的故事充分体现了一个重要的管理智慧——知人善任。在现代团队中，这种能力同样至关重要。领导者需要像曾国藩一样，辨识团队成员的“德”与“才”，将他们放到最适合的位置，使其发挥最大的效能。

在团队成员关系的协调上，曾国藩的做法启示我们，要注重成员间的互补性，现代团队中，领导者应识别每个成员的长处和短板，通过合理配置资源和任务，使团队协作更加高效。

领导者不仅要有远见，还要有包容心，能够汇聚各方人才，共同完成目标。在现代团队中，这要求领导者具备开放的心态，鼓励多样性和创新思维。

曾国藩重视人才的培养和激励。他“真的热爱和珍惜人才”，这种态度有助于构建一种积极向上的团队文化。现代团队领导者应借鉴这一点，通过持续培训和发展机会，激发成员的潜力，促进团队的长期发展。

子产以德治国，增强团队归属感

子产，公孙之裔，名侨，字子产，出身于郑国的尊贵门第，其父亲发系郑穆公之嗣，是春秋时期郑国的杰出政治家，被誉为“春秋第一人”。自公元前554年执掌郑国卿权以来，子产推行了一系列深远的政治革新。他确认了私田的合法地位，对土地私有者课以军赋，并将刑法条文铸于鼎上，此为我国历史上最早的成文法律。同时，他积极倡导维护“乡校”的存在，倾听国民的声音，善于依据个人的才能进行职务分配。他采纳了“宽猛相济”的治国策略，使得郑国社会秩序井然，国家繁荣昌盛。

子产担任郑国相国一职，致力于国政管理。他高度关注民众福祉，积极倾听民众批评与建议。

郑国民间设有乡校，这些地方是民众日常聚集交流之所。民众在劳作之余，常汇聚于乡校，交流日常，亦会探讨国家政务的优劣以及评判官员的政绩表现。

有的卿大夫对百姓的批评与议论感到不满，遂向子产提出废止乡校的提议。

子产向众人阐述道：“民众在劳作之余，汇聚于乡校，共同探讨国事，评议政策之得失，实为常见之景。对于他们所认同的良策，我自当加以推广；而对于他们所不满之处，我亦会及时调整。乡校之于我，实乃一面明镜，助我明得失、知对错。那么，为何要将其毁去呢？作为治理者，我们应致力于多行善政，以消弭民众之怨。仅仅依靠权威，是无法真正遏制民众怨言的。若是一味压制他们的声音，就如同堵塞河流，一旦决堤，后果将不堪设想。因此，我坚持要倾听民众的意见，以更好地施政。”

原先主张废除乡校的人认识到，子产顺应民意的决策对于国家的长远发展具有积极影响。因此，他们决定不再坚持原有的立场。

郑简公逝世，在筹备葬礼的过程中，部分守陵人所居之屋恰巧坐落于通往简公墓地之要道。若选择绕行，则葬礼恐将延误至正午时分。有人提出拆除这些民房的建议，其理由是推迟丧礼可能对前来参加吊唁的诸侯国宾客构成不敬。

子产坚决反对为了举行丧礼而拆除民房，他认为此举对百姓福祉构成严重威胁。他秉持理性和稳重的态度，耐心向众人阐述自己的观点：“远道而来的宾客既然已经决定参加我们的丧礼，那么他们为何不能稍作等待，至少坚持到中午时分呢？这样做既不会对宾客造成任何实质性的影响，也不会给百姓带来不必要的困扰和伤害。为何不选择这样一个既能尊重传统习俗，又能兼顾百姓利益的方案呢？”在子产的坚持下，民房没有被拆掉。

子产执政期间，始终将百姓福祉置于心头，致力于提升民众生活质量。因此，在他主政之下，百姓获益良多，纷纷赞颂道："我辈拥有土地，赖子产之力，五谷丰收；我辈有子弟，赖子产之教，得以成长。倘若子产不幸辞世，何人能承其遗志，续行善政？"

古为今用

子产的治国智慧穿越千年，在现代团队管理中依然焕发着启示光芒。他以"乡校议政"构建开放沟通机制，启示我们在团队中需建立多元对话渠道。定期开展民主生活会、设立匿名意见箱、利用数字化平台收集反馈，让每个成员都能成为"政策参议者"，在参与中感受被尊重。当郑国面临丧礼与民宅的冲突时，子产选择"宁缓礼仪不损民利"，这种以人为本的决策思维，对应现代团队管理中"员工福祉优先"的价值排序。企业应关注员工身心健康，建立弹性工作制度，在绩效考核中融入人文关怀，让成员感受到组织温度。

子产"宽猛相济"的治理哲学，转化为现代团队管理中的制度柔性化。在制定规范时保留弹性空间，将刚性制度与情感管理结合，既维护组织秩序又尊重个体差异。他推行的"因能授官"策略，则提醒管理者注重人才的个性化培养，通过岗位适配度评估、技能提升计划，让成员在合适的位置实现价值。这些做法本质上都是在构建"情感共同体"，当组织成为成员的价值认同载体，归属感便会自然生长。正如子产赢得"子产而死，谁其嗣之"的民心，现代团队若能将"德治"基因融入管理血脉，必能激发成员的主人翁意识，实现组织与个人的共生共荣。

商鞅变法强国，规范提高效能

商鞅，约生于公元前 390 年，卒于公元前 338 年，为战国中期杰出的思想家与政治改革家。商鞅出身于卫国破落的贵族家庭，姓公孙，名鞅，因籍属卫国，亦称卫鞅。因在秦国实施变法有成，秦孝公封他为商君，故历史上尊称为商鞅。商鞅幼时酷爱读书，尤其钟情于刑法律令之学，尊崇李悝的法家理念。成年后，他赴魏国，成为相国公叔痤之家臣。公叔痤对其颇为器重，并引荐至朝廷。然而，魏惠王因商鞅年轻而未予重用。及至公叔痤病重，临终前再次向魏惠王推荐商鞅，望其接任相国之职，并建议魏惠王：若不能用商鞅，则当杀之，以免他国得才。

公孙痤向魏惠王荐举商鞅，然而魏惠王并未接纳，认为公叔痤之建议荒诞不经，遂不予理睬。商鞅的宏图大志一度难以实现，恰逢秦孝公为改变秦国落后现状，下令广纳贤才。于是，商鞅于公元前 361 年赴秦国。秦孝公的宠臣景监引领商鞅拜见秦孝公。商鞅与秦孝公进行了三次深入的交谈。初始两次，商鞅论述先王之道，大力倡导仁政礼治。然而，秦孝公对这类陈词滥调毫无兴趣，听闻之余，甚至打起哈欠，悄然入睡。事后，秦孝公还对景监表示，不该为他引荐如此夸夸其谈的庸人。经过前两次交谈的试探，商鞅大致洞察了秦孝公的心态。于是，第三次见面时，商鞅便系统地阐述了自己富国强兵、革新政治的理念。秦孝公听后颇感振奋，兴致勃勃，交谈数日而不觉厌倦。秦孝公欲行商鞅之变法，然而此举迅速引发了贵族大臣们的反对。

新法的主要内容包括：

一、废除世卿世禄制。针对秦国旧贵族享有“有罪可以得免，无功可以得尊显”的特权，新法规定，秦国国君的亲属若无军功，则取消贵族资格，不得凭借血缘关系获得利禄官爵。异姓贵族若无国立功，亦不得享有世袭特权。

二、实行军功爵制，奖励军功，严禁私斗。立军功者，可根据功劳大小封官赐田。对于斗殴之徒，将严惩不贷。

三、推行保甲制度。五户为一伍，十户为一什，各家相互监督。一家犯法，其他九家须举报，否则等同于同犯罪人，举报者与杀敌者同功，藏匿罪犯者等同于投降敌人，将受到惩罚。

四、鼓励农业生产。对超过一般产量标准的农民，免除其徭役。对于弃农经商或游手好闲者，罚为奴隶。

五、一家若有两名以上成年兄弟，必须分居，独立门户，否则将加倍征税。

新法实施后，秦国社会产生了显著变革。贵族未经军功者丧失特权，立新功者得以官位赏赐；战士在战场上勇猛奋战，农民耕织之热情空前高涨。三年之后，百姓逐渐适应新法，商鞅亦因此受封左庶长（掌管军政大权）。公元前 352 年，商鞅凭借军功升任大良造（相当于相国兼将军）。

公元前 350 年，秦国迁都至咸阳，同年，商鞅再度推行变法，以深化国家治理与社会发展。此次变法举措如下：

一、废除井田制，废除原有贵族领主划分的田疆地界，实行阡陌封疆之制，鼓励垦荒，并正式确认土地私有制，允许土地自由交易，以激发农业生产活力。

二、建立县级行政制度，全国范围内设立四十一个县，县官由朝廷直接任命，以加强中央对地方的控制，实现国家政权的统一与集中。

三、统一度量衡制度，确保商贸活动的公平与规范，现存之

“商鞅方升”即为当时颁布的标准量器之一，其对于维护市场秩序具有重要意义。

四、依据李悝所著《法经》，制定并颁布秦国法律，以明确社会规范，保障国家法治体系的健全与稳定。

得益于商鞅两次变法，秦国实现了跃进，从原本的贫困落后国家转变为当时诸侯国中最为先进且富强的国家。公元前 340 年，商鞅亲自统率秦赵联军征伐魏国，大败魏军，俘获魏国公子印，迫使魏国归还了自秦国夺取的河西之地。为表彰商鞅在此次战争中建立的赫赫战功，秦孝公封赐他商、於两地十五邑，此后，他自号为商君。

商鞅死后，其推行的变法措施仍在秦国得以贯彻执行。新法的实施不仅助力秦国铸就强大国力，更为日后秦始皇统一中国奠定了坚实基础。

古为今用

商鞅变法将松散的诸侯国转化为高效运转的军事机器。这一历史实践揭示了制度设计对组织效能的决定性作用。

商鞅变法的核心在于建立“信赏必罚”的制度体系。其通过标准化的奖惩机制，将个体行为与组织目标紧密绑定，使“民不敢议而敢怨”的强制约束转化为“趋利避害”的主动选择。这种制度设计理念，在现代企业管理中体现为 KPI 考核、股权激励等激励机制，以及合规审查、流程监控等约束体系的有机结合。

现代企业面临的组织困境与战国时期有着相似的逻辑：如何在动态环境中保持战略执行力，如何通过制度创新激发组织活力。商鞅“治世不一道，便国不法古”的改革精神，启示当代管理者需以开放心态构建弹性制度体系，在保持核心原则的同时，通过数字化管理工具实现制度执行的精准化、透明化。正如商鞅变法重塑秦国社会结构，现代企业的制度创新同样需要打破既得利益格局，建立适应时代需求的新型生产关系。

一纸碑文换平安，企业生存发展的智慧

唐玄宗时，姚崇与张说（yuè）二人共同担任宰相之职。张说因其卓越的文学才华和政治智慧，在朝野之中享有“大手笔”之美誉，这也引起了姚崇的嫉妒。二人之间的关系非常微妙，时常明争暗斗，甚至在皇帝面前也难以调和。

这一年，姚崇的身体状况急剧恶化，每日的病情都在加重。他深知自己的生命已经接近尽头，于是将儿子们召集到床前，以沉稳而坚定的语气对他们说：“爹爹我即将离世。回顾一生，我曾参与众多重大事务，并无太多遗憾。然而，有一事令我心中不安。张丞相与我共事多年，虽时有意见不合，但在我尚在人世时，他并未敢有何举动。然而，我离世之后，他可能会编造罪名，败坏我的名声。生死有命，富贵在天，我对此倒并不十分介怀。但我生怕此事会给你们带来困扰，甚至牵连你们。对此，你们有何应对策略？”

儿子们面面相觑，均感束手无策。姚崇继续说道：“制人，须顺应其本性，巧妙借助其力量。若能让张丞相为我书写碑文，鉴于时局之制约，他必会给予我正面评价。如此，待我辞世后，张丞相依例前来吊唁。在他抵达之前，你们可将我生平珍藏的玉佩古玩悉数陈列于供桌之上，伺机赠予他。一旦他接受这些礼物，便请他撰写碑文。待碑文完成，即刻上报皇上以求御批。如此，便可高枕无忧。”

姚崇死后发丧，张说果然前来吊唁。甫一进入灵堂，他的目光便不由自主地被灵案上陈列的玉器宝玩所吸引。即使在行礼之际，他的心神也似乎被这些珍宝所牵动，显得颇为心不在焉。姚崇的儿

子们察觉到了张说的心思，遂依照其父生前的嘱咐，将灵案上的玉器宝玩悉数赠予张说。面对这份厚礼，张说虽故作推辞之态，但最终还是难掩喜悦之情，欣然接受了这份馈赠。

张说府上收到了珍贵的宝物，然而他还未来得及细细鉴赏，便迎来了姚崇长子的拜访。经过交谈，张说得知姚长子此次前来，是希望他能为其父撰写碑文。考虑到已经接受了对方的礼物，张说毫不犹豫地答应了这一请求。

为逝者撰写碑文是一项必要且庄重的任务，必须审慎对待。张说亦认识到此事的紧迫性，并想在完成此事后，能有足够的时间去鉴赏那些稀世珍宝。因此，他命令下人为他备好笔墨，并以沉稳而有力的笔触，撰写了许多颂扬之辞。

碑文刚刚完成，即有姚府之人恭候以取。之后姚崇的长子谨遵父命，迅速将碑文呈递给皇上。皇上御览后，亲批“可”，姚家遂即命人镌刻于石碑之上。

两日之后，张说自偶得珍宝的狂喜中冷静思索，细细品味始觉此事颇为蹊跷。姚家为何无缘无故赠予自己如此珍贵的宝物？张说素知姚崇为人精明，深谙权谋之道，绝非等闲之辈，更不会平白无故地施予恩惠。他将宝物置于案头，忽忆起三日前应姚公子所请，为姚崇亲撰的神道碑文 —— 文中尽述姚崇辅政功绩，甚至提及他临终前谏言罢黜奸佞的忠直之举。刹那间如遭雷击，猛然醒悟：那碑文看似歌功颂德，实则将自己对姚崇的评价定格于金石，日后若再欲弹劾其子孙，便成了出尔反尔的无信之徒！

于是，张说急派心腹使者前往姚府，声称前日所书碑文有不妥之处，需要取回以做修改。他心中尚存一丝侥幸，希望能及时挽回。然而，闻听家丁回报，碑文已呈献皇上御览，且已奉旨镌刻于碑石之上，立于姚氏祖茔。张说顿时颓然坐于椅上，面色苍白。他深知，一旦碑文上呈御览并刻石，便已是板上钉钉，再无更改的可能。姚崇此举，不仅达到了抬高家族声望的目的，更让张说在无形中成了他的“帮手”，而自己却只能哑巴吃黄连，有苦难言。这场无声的较量，姚崇再次技高一筹。张说长叹一声：“又被姚崇给算计了！”

古为今用

姚崇智斗张说的历史典故，深刻展现了古代政治家的权谋智慧。其“以利制人”的策略，不仅化解了身后危机，更通过碑文将自身政治遗产固化为历史定论。

这一智慧对现代企业经营具有重要启示意义。在商业竞争中，企业同样需要：第一，建立竞争对手人格画像，深度分析决策层的价值取向与行为模式；第二，构建多维资源交换体系，将技术、资本、渠道等硬实力与商誉、口碑等软实力有机结合；第三，制定全周期战略规划，在产品研发、市场拓展、品牌建设等各阶段预设风险对冲机制。

值得深思的是，姚崇策略虽成功，却也暴露了权力斗争的伦理困境。现代企业在运用类似智慧时，既要具备洞察人性的敏锐眼光，更要坚守商业伦理的道德底线。

第二章

将相谋国之策 与财富战略布局

周文王经济改革，把握宏观经济大势

周本是一个古老的部落，夏朝末年，这个部落就生活在现在的陕西、甘肃一带。后来，因为遭到戎、狄等游牧部落的侵扰，周部落的首领公亶父率领周人迁移到岐山下的平原定居下来。周文王继位后，周部落已经很强大了。周文王以他的卓越政治才能而著称，与当时商朝的君王纣王形成了鲜明对比。

周文王禁止贵族酗酒和捕猎，并提倡养殖牛羊，鼓励农耕，这些措施有效地促进了社会经济的繁荣。周文王也因其开明的态度而声名远扬，他积极吸纳人才，使得许多有识之士纷纷前来投靠，周逐渐强盛起来。

古为今用

周文王的经济改革举措虽然发生在几千年前，但其核心思想和方法对于现代企业在把握宏观经济大势方面仍具有重要的启示意义。在当今快速变化的经济环境中，企业要想保持竞争力和持续发展，就必须深入理解宏观经济趋势，并采取相应的策略。

首先，周文王禁止贵族酗酒和捕猎，提倡养殖牛羊和鼓励农耕，这反映了他对于资源优化配置和生产方式改进的重视。现代企业在面对宏观经济大势时，也应当关注资源的有效利用和生产效率的提升。例如，通过采用新技术、优化供应链管理、提高自动化水平等方式来降低成本、提高产出，从而在市场中获得优势。

其次，周文王积极吸纳人才，这说明他认识到人力资本的重要性。现代企业在把握宏观经济大势时，同样需要重视人才的作用。通过建立持续的人才培养和引进机制，确保企业拥有足够的创新能力和执行力，以适应经济环境的变化。企业应当投资于员工的教育和培训，激励员工的创新精神，以及创造一个开放和包容的工作环境，吸引和留住行业内的顶尖人才。

再次，周文王通过他的开明态度和政策，促进了社会经济的繁荣。这表明领导者的态度和决策对于宏观经济的发展具有深远的影响。在现代企业管理中，领导者的远见卓识同样至关重要。企业领导者需要对宏观经济有深刻的理解，能够预见未来的趋势，并据此制定出长远的发展战略。同时，领导者还应当具有开放的心态，鼓励创新和变革，以应对不断变化的市场环境。

最后，周文王时期的经济改革还体现了对于市场机制和政策调控的灵活运用。现代企业在把握宏观经济大势时，也需要对市场机制有深刻的认识，并能够根据政策导向进行适时调整。企业应当密切关注政府的宏观经济政策、行业规范和国际贸易环境，灵活调整自身的经营策略，以确保在变化的市场中能够稳定发展。

综上所述，周文王时期的经济改革措施，尽管发生在古代，但其所蕴含的对资源优化、人才重视、领导远见和市场机制的运用等原则，对于现代企业在把握宏观经济大势方面仍具有重要的借鉴意义。现代企业应当从中吸取智慧，结合自身的实际情况，制定出适应宏观经济变化的策略，以实现可持续发展。

范蠡三致千金，制定长期财富规划

范蠡辅佐越王勾践从人质到一代霸主，但是他急流勇退，改名为鸱夷子皮，带领家人在海边结庐而居，垦荒种植，兼营副业，没过几年，凭借自己的勤奋和智慧积累了数万家产。他仗义疏财，施予百姓，世称"陶朱公"。

纵观范蠡的一生，经历了几度的"千金散尽还复来"，他进退有度，总是在大取大舍中展现出与众不同的智慧。他先是从越国逃至楚国，在楚国勤恳经营，得以富甲一方，楚王听说他拥有雄才伟略，想请他助楚兴国，但他早已厌倦了官场的尔虞我诈，将自己的全部家产献于楚王，才得以保全性命。此后范蠡乘舟出海逃至齐国，一家人开荒种田、引海水煮盐，再一次累积万贯家财。但同样被齐国国君闻知，任其为相。他却感言，身居家中得以千金，身居官场得以卿相，都是人世得意之事，但时间长了，会是个不祥的结局。于是千方百计弃官，再次散钱财于民间。隐居于陶地（今属山东省），在此地，他凭借睿智的商业头脑再度成为富商，最终老于此地。

古为今用

范蠡三致千金的故事，不仅体现了他的商业智慧和人生哲学，也为现代企业制定长期财富规划提供了宝贵的启示。

首先，要有远见和耐心。范蠡能够在多次财富积累和散尽后再次崛起，关键在于他具备长远的规划和耐心。现代企业在制定财富规划时，也应秉持这一原则。企业需要设定长期目标，并在实现过程中保持耐心，不断调整策略以适应市场变化。

其次，分散投资以降低风险。范蠡在经营过程中，不仅从事农业种植，还经营副业，如煮盐等，这种多元化的投资策略有效地降低了风险。现代企业也应采取类似策略，通过分散投资于不同行业和领域，以减少单一市场波动对企业的影响。

再者，重视人才和团队建设。范蠡能够多次积累财富，离不开他的团队和家人的支持。现代企业在制定财富规划时，应重视人才引进和团队建设，打造一支高效、专业的团队，以实现企业的长远发展。

以下是一些具体的财富规划建议：

明确目标：企业应根据自身情况设定清晰的财富增长目标，如销售额、市场份额、利润率等，并制定相应的策略和计划。

持续创新：范蠡能够在不同时期成功积累财富，很大程度上得益于他的创新精神。企业应持续投入研发，推动产品和服务创新，以保持竞争力。

风险管理：企业应建立完善的风险管理体系，包括市场风险、信用风险、操作风险等，通过风险分散、保险等方式降低潜在损失。

社会责任：范蠡在积累财富的同时，也注重回馈社会。企业应在追求利润的同时，积极履行社会责任，树立良好的企业形象。

灵活调整：市场环境不断变化，企业需要根据市场动态灵活调整财富规划，以适应新的挑战和机遇。

总之，范蠡三致千金的故事为现代企业提供了宝贵的财富规划经验。通过远见和耐心、分散投资、重视人才和团队建设、明确目标、持续创新、风险管理以及社会责任等方面，企业可以制定出合理的长期财富规划。这样的规划不仅有助于企业的持续发展，还能在激烈的市场竞争中立于不败之地。

诸葛亮隆中对，企业市场定位策略

诸葛亮是蜀汉时期杰出的政治家、军事家、发明家和文学家。

公元 207 年，时值汉室衰败，奸臣篡位，刘备三次上山访求诸葛亮，请教挽救时局的良策。诸葛亮于是提出了隆中对的策略，预判天下三分之势，为刘备确立了战略指导方针。此乃千古流传的佳话，彰显出诸葛亮卓越的智慧和远见。

公元 208 年，刘备遵循诸葛亮的建议，实施了联吴抗曹的战术布置，最终在赤壁之战中取得胜利，成功夺取荆州四郡。这使得刘备从一位流离失所的乱世飘零之人，转变为拥有自己领地的霸主。

古为今用

诸葛亮的隆中对，是中国历史上著名的战略谋划，它不仅为刘备指明了政治和军事上的方向，也为后世提供了宝贵的战略思维。将这一古代智慧与现代企业市场定位策略相联系，我们可以提炼出一些相似的原则和做法。

首先，诸葛亮在隆中对中展现了对时局深刻的理解和准确的预判。现代企业在市场定位时，同样需要深入分析市场环境，了解竞争对手和潜在客户的需求，从而找到市场中的空白点或未被满足的需求，为自己定位一个独特的市场空间。这种市场定位类似于诸葛亮预判的“三分天下”，在竞争激烈的市场中找到自己的“一席之地”。

其次，诸葛亮提出的联吴抗曹策略，实际上是一种联盟战略，这在现代商业中相当于建立合作伙伴关系。企业可以通过与其他企业合作，共享资源，扩大市场影响力。这种合作策略可以帮助企业在市场中形成更大的竞争力，正如刘备通过联合孙权，共同对抗曹操，最终取得了赤壁之战的胜利。

再次，诸葛亮在隆中对中提出的“以人为本”的思想，强调了人才的重要性。现代企业在市场定位时，也需要关注人才的培养和引进。拥有优秀的人才团队，企业才能更好地理解市场、创新产品、优化服务，从而在竞争中占据优势。正如刘备依靠诸葛亮的智慧和才能，最终确立了蜀汉的基业。

最后，诸葛亮的战略具有很强的适应性和灵活性。在赤壁之战中，他能够根据战场情况的变化，灵活调整战术，最终取得胜利。现代企业在实施市场定位策略时，也需要具备这种灵活性，能够根据市场反馈和变化，及时调整自己的定位和策略，以适应不断变化的市场环境。

综上所述，诸葛亮的隆中对不仅是中国历史上的经典，其包含的战略思想和原则同样适用于现代企业的市场定位。企业需要深入分析市场，找到自己的定位空间；建立合作伙伴关系，扩大影响力；重视人才的培养和引进；以及保持战略的灵活性和适应性。通过这些策略的实施，企业能够在激烈的市场竞争中脱颖而出，实现可持续发展。

吕不韦舍小利谋大利，投资决策的前瞻性

吕不韦是战国时期的大商人。他是卫国人，世代经商，将运来的各国宝物和产品进行大规模的交易，往来中国各地，富甲一方。

有一天，他想：自己经商已经很成功了，如果再继续做下去也没有什么意义，应该做些买卖以外的大事情。他开始关心政治。“如果能当一个成功的政治家，就能操纵国事，倘若顺利，天下就是自己的，比起经商一定更有趣。”终于，他下定决心从政 。

因为他来往各地，注意收集天下的情报，战国时代各国政治情报都在自己的掌握之中。战国七雄中最强的是秦国，不久的将来秦国可能会统一天下，所以要先设法在秦国谋求个职位。

当时的秦王是年老的昭王，实权是在太子安国君手上，而太子岁数也不小了。因此，将来秦国的君王，很有可能是安国君 20 多个儿子中的一个。

吕不韦在安国君的 20 多个儿子中终于发现了一个人，就是在赵国邯郸当人质的异人 。异人是众兄弟中境遇最不好的。因为秦国有攻打赵国的计划，如果关系恶化人质就可能被杀。但是吕不韦却把他当作目标，因为在逆境中的人，更能磨炼出才智，而且也最容易接近。

吕不韦在邯郸有房子，还有一个自己十分宠爱的叫赵姬的舞伎。吕不韦试着接近过着困窘人质生活的异人，并赠送他五百金，劝他用这些钱拉拢邯郸的名士，并对来访的人热情招待，异人接受了他的

建议。

受到招待的名士对在异国当人质而有广阔胸襟的异人十分敬佩，通过他们之口，异人的名声开始传遍各国。吕不韦也叫人散布：“在赵国当人质的秦国王孙异人是个杰出的人物。”

当然这些话在秦国也流传着。吕不韦又选准一个时机到了秦国，得以见到了秦王太子安国君宠妃华阳夫人。华阳夫人很受太子宠信，但一直无子。

吕不韦找到了华阳夫人的姐姐，告诉她，异人是一个才能杰出的人，很想念家乡，又说些他尊敬父王安国君，把华阳夫人当成母亲一样敬仰的好话。华阳夫人的姐姐告诉了华阳夫人，终于说动了华阳夫人收异人为养子，使异人在众兄弟中最接近王位。

随后吕不韦又把赵姬让给了异人。

不久，赵姬生下一子，取名政。

政就是后来的秦始皇。

政还是婴儿时，秦国攻打赵国，包围邯郸。吕不韦以六百金买通宫役，帮助将要被处死的人质异人逃出了邯郸。赵姬和政被留在赵国。赵国要杀赵姬和政，由于赵姬娘家是赵国豪族，而且吕不韦从中协调，赵姬和政免于一死。

六年后，秦昭王死，太子安国君继承王位。这时，华阳夫人已认异人为亲生子，改名子楚，将他立为太子。安国君的健康状况不佳，即位后一年就死了。

太子子楚即位，就是庄襄王。吕不韦的计划终于实现了，以很低代价救回的人，成了秦国的国君。

庄襄王任命吕不韦为宰相，并封为文信侯，给了他洛阳10万户的食邑，于是吕不韦以前所投资的金钱全都收了回来，并且获得了丰厚的回报。

古为今用

吕不韦的智慧在于打破“即时回报”的思维定式。他耗费十年布局，将家族财富转化为政治资本，这与亚马逊坚持二十年亏损换市场份额的战略异曲同工。现代企业面对AI、新能源等前沿领域时，同样需要这种“先舍后得”的勇气。SpaceX早期连续爆炸的火箭，恰似异人质子时期的屈辱处境，马斯克用1.2亿美元个人资产押注，最终在可回收火箭技术上实现突破。

政治投机的本质是价值重构。吕不韦通过“包装”异人身份，将其从“弃子”转化为“天命所归”的继承人，这与乔布斯用“Think Different”重塑苹果品牌如出一辙。在商业竞争中，企业需要像吕不韦那样发现被低估的价值节点，通过创新叙事改变市场认知。特斯拉将电动车从“玩具”重新定义为“智能移动终端”，正是这种价值重构的当代演绎。

从邯郸到硅谷，跨越千年的商业智慧始终闪耀。吕不韦的成功启示我们：真正的战略家能够在混沌中抓住时机，用长期主义思维将风险转化为机遇。在这个充满不确定性的时代，企业决策的本质，或许就是在历史长河中寻找属于自己的“异人”。

田忌赛马，优化资产配置组合

齐国有一位将军，姓田名忌，此人酷爱赛马。某日，他与齐威王（亦是赛马爱好者）共商赛事之规则与次序。二人决定，将各自的马匹分为上、中、下三等。赛事进行之时，双方各以相应等级之马匹进行角逐。然而，齐威王之马在各等级中皆略胜田忌之马一筹，数次交锋后，田忌皆败下阵来。田忌屡战屡败，心中甚感沮丧，赛事尚未结束，他便提前离场。当他走出赛马场时，忽见一人面孔熟悉，透过人群细看，方知其是好友孙膑。

孙膑招呼田忌过来，轻拍其肩膀道："我观察了你与齐威王的赛马过程，似乎他的马匹并未比你的优越太多。"此言一出，田忌面色骤变，眼神如炬，不满之情溢于言表："孙膑，你竟也来挖苦我？"孙膑迅速澄清道："不是挖苦，而是欲劝你再与齐威王赛马一次，我有信心助你取胜。"田忌面露疑惑："难道要更换马匹？"孙膑坚定摇头："无须更换。"田忌情绪低落，怀疑道："如此，岂能胜他？"孙膑信心满满："只须依我所言行事。"

此前数场赛马，齐威王屡获全胜，志得意满，正向他人炫耀其马匹。此时，见田忌与孙膑一前一后走来，齐威王挑衅道："田忌，莫非你还不愿认输？"田忌鼓起勇气，回应道："当然不服，愿再赛一场！"言罢，桌上响起一声响亮的响声，乃是田忌掷下的银子，作为此次赛马的赌注。齐威王见状，心中嗤笑田忌之愚蠢，明知不可为而为之，遂命手下取出前几次赢得的银子，并额外加上一千两黄金，全部置于桌上作为赌注。齐威王以轻蔑之态道："既然如此，那便开始吧！”

比赛在锣鼓声中拉开帷幕。在第一轮比拼中，孙膑策略性地以田忌的下等马对阵齐威王的上等马，结果田忌在这一轮中失利。齐威王因此显得愈加傲慢，他站起身，以居高临下的姿态嘲讽道：“真是令人意外，名震一方的孙膑，竟然会采用如此拙劣的战术。”然而，孙膑对此置若罔闻，他冷静地开始了下一轮比赛。

这一次，孙膑以田忌的上等马对阵齐威王的中等马，成功扳回一局。齐威王开始感到焦虑。到了第三轮比赛，孙膑再次调整策略，用田忌的中等马与齐威王的下等马进行角逐，再次取得胜利。比赛结束，齐威王惊愕不已，难以置信地瞪大眼睛，哑口无言。

根据比赛规则，三局两胜即可决定胜负。最终，田忌在孙膑的巧妙策略下，以两胜一负的战绩战胜了齐威王。整个比赛过程中，马匹并未改变，只是通过调整出场顺序，便实现了从失败到胜利的逆转。

古为今用

孙膑用资源重组演绎了战略智慧的力量。在现代商业战场，企业的资产组合恰似不同等级的战马。科技巨头的“上等马”是技术壁垒，新兴企业的“中等马”可能是敏捷创新，传统企业的“下等马”则是成熟现金流。真正的智者不会局限于账面资产的绝对值比较，而是像孙膑那样洞察资源的相对优势。

这种动态配置思维在金融领域早有印证。桥水基金的“全天候策略”正是通过调整资产组合的“出场顺序”，将经济周期视为不同的赛马场次：在衰退期让债券冲锋，在繁荣期派出股票主力，在滞胀期则启用大宗商品的秘密武器。这种看似保守的轮换策略，实则是对“以长制短”的现代诠释。

更值得玩味的是，田忌赛马策略正在重塑企业竞争逻辑。特斯拉用电动车技术这匹“上等马”突破燃油车市场，却用能源业务这匹“中等马”构建护城河，再用自动驾驶这匹“下等马”布局未来赛道。这种看似无序的资源调配，实则是对产业周期的精准预判。

从田忌到巴菲特，从孙膑到达利欧，人类对资源配置的智慧从未改变。在AI重构商业规则的今天，企业的资产负债表不再是冰冷的数字，而是等待激活的战略矩阵。当我们学会用孙膑的视角看待资产配置，或许下一个商业奇迹，就藏在某个被低估的“下等马”里。

东方朔“自我推销”，创造发展机遇

汉武帝即位初期，遍邀天下贤良方正之士及文学才俊。各地士人、儒生纷纷主动呈上自荐书。东方朔亦向武帝呈上了一份自荐书，其篇幅之长，需两人合力方可抬动。武帝耗费整整两个月，方才将其阅览完毕。在自荐书中，他表示：“臣东方朔自幼丧双亲，依赖兄嫂抚养成人。十三岁始习文，刻苦攻读，仅三个寒冬便已学贯文史。十五岁学习剑术，十六岁研读《诗》《书》，十九岁修习孙吴兵法及战阵布置，深谙各类兵器用法及战斗中士兵进退的指挥。这方面的书籍也读了。如今我已年至二十二，身高九尺三寸。双目炯炯有神，如明珠璀璨，牙齿洁白整齐，如贝壳排列。勇猛似孟贲，敏捷如庆忌，廉洁如鲍叔，信义如尾生。臣东方朔鞠躬尽瘁，死而后已，敬献此书，冒死上奏。”

武帝阅后，面露欢颜，对东方朔的胆识与才华表示赞赏，但并未立即给予重用，仅命其在公车署待诏。虽然俸禄微薄，且久未得武帝召见，但东方朔并未气馁。他深知，公车署虽为近君之地，却非轻易得见圣颜之所。于是，他开始思考如何能够引起武帝的注意，以尽快得到召见。

一天，东方朔游历都城，偶遇一群给皇帝养马的侏儒，心生一计。他走向侏儒们，恐吓道：“你们的死期就要到了！”侏儒们惊慌失措，纷纷询问原因。东方朔解释道：“像你们这样身形矮小，既无法从事农耕，也不能为官治理民生，更不必言提执兵器投身战场。如此之人，对国家无益，徒然浪费粮食，故当今圣上欲将尔等尽数杀掉。”侏儒们听闻此言，皆掩面而泣。东方朔安抚他们道：“不必过于伤心，我有一计或可助你们摆脱困境。只须在此静候，待皇上驾临此地，你等上前叩首请罪，皇上或许能网开一面，饶恕你们。”

因此，侏儒们每日守候在场，焦急地期盼汉武帝的出现。这一天，武帝驾临，侏儒们拦驾号哭跪拜。武帝深感诧异，询问侏儒们为何哭泣。侏儒们答道：“东方朔声称陛下要将我们这些身材矮小的人全部杀掉！”武帝立刻下令寻觅东方朔，质问他为何有此言论。东方朔回道：“臣东方朔生者所言，死者亦所言。那侏儒身高仅三尺有余，却享有米粮一袋，金钱二百四十。我身高九尺多，却也仅得一袋米粮，金钱二百四十。侏儒饱食终日，而我饥饿难耐。陛下广纳人才，若认为我言之有理，乃人才也，愿陛下重用；若非人才，请罢黜我，以免浪费粮食。”武帝听后捧腹大笑，认为东方朔确有过人之处，于是任命他为待诏金马门。此后，东方朔觐见皇帝的机会变多了。

古为今用

东方朔的求职策略堪称古代版“注意力经济”典范。三千片竹简构成的求职简历，在纸张尚未普及的汉代，本身就是一场行为艺术。他用两个人才能抬动的“实体书”制造传播事件，成功让汉武帝在信息洪流中注意到这个特殊的求职者，这与现代企业用病毒式营销打破信息茧房的逻辑如出一辙。

其自我介绍中的“文武双修”人设构建，巧妙运用了“差异化竞争”策略。当其他儒生都在强调儒家经典时，他叠加了击剑、兵法等多元技能标签，形成独特的个人IP。这种“T型人才”定位，正是现代企业在招聘中最看重的复合型能力模型。

最值得称道的是他制造职场机遇的智慧。通过侏儒事件，他将职场矛盾转化为自我展示的舞台，用“身高差”制造反差萌，既表达了合理诉求，又展现了幽默智慧。这让人联想到现代企业中的“鲇鱼效应”——主动制造良性冲突，打破僵化体系，为创新争取空间。

东方朔的成功揭示了一个真理：机遇从来不是等来的，而是用智慧和勇气创造出来的。在竞争激烈的现代商海，企业同样需要这种“竹简精神”——用颠覆性思维打破常规，以差异化定位建立优势，借势而为创造发展契机。

周亚夫神机妙算，应对市场突发变化

汉景帝三年，即公元前 154 年，吴王联合楚、赵、胶东、胶西、济南、淄川六个诸侯国，掀起了叛乱，公然对抗朝廷。在这场危机中，吴军包围了梁都睢阳，汉景帝刘启深感七国之乱对国家安全的严重威胁。在这关键时刻，汉景帝回想起父亲临终前的嘱托："若国家有急，可遣周亚夫统率汉兵，平乱事。"因此，汉景帝果断任命周亚夫为中尉，代行太尉之职，赋予他统率全国大军的权力。周亚夫领兵向东，果断地进击吴、楚。

周亚夫领兵抵达睢阳后，审慎分析局势，发现吴楚联军势力强大，直接对抗难以取胜。因此，他向汉景帝提出战略建议："鉴于当前吴楚军队士气高昂、行动迅速，若我军正面迎战，胜算甚小。为取得战略优势，建议采取'以梁为饵，断其粮草'之策，迫使吴楚军队就范。"汉景帝审慎考虑后，采纳了周亚夫的建议。

太尉周亚夫调集军队至荥阳集结，适逢吴国军队猛烈进攻梁国，梁国告急，向周亚夫发出紧急求援信号。然而，周亚夫并未立即驰援，反而率领军队迅速向东北方向转移，直抵昌邑城。在此期间，梁孝王不断派遣使者至周亚夫处，请求其出兵增援，然周亚夫不为所动，坚持每日深挖沟壑、高筑壁垒，稳固营垒，严阵以待，并未给予梁国直接援助。

梁孝王大怒，只得派遣使者将告急文书传送至京城呈报汉景帝。汉景帝获悉梁国岌岌可危的局势后，亦感焦虑，随即下令太尉调兵遣将前往救援。京城使者抵达荥阳军营，传达汉景帝的诏令。然而，周亚夫将军却以“将在外，君命有所不受”为由，坚持不出兵救援梁国，表示若未能平定叛乱，愿一人承担罪责。他坚守壁垒，同时秘密派遣轻骑兵截断吴、楚叛军的粮道。

吴军因缺粮而陷入饥饿困境，虽多次向汉军发起挑战，但周亚夫始终不为所动。这一决策令部下官兵感到困惑，甚至夜间发生争执。然而，在混乱之中，周亚夫却安然入睡，不为所扰。经过数日的僵持，缺粮的吴军愈加慌乱。吴军试图偷袭周亚夫军营的东南方向，却遭到周亚夫西北方向的伏击。周亚夫部将迅速反击，而饥疲不堪的吴军战斗力大减，最终被迫撤退。

周亚夫当机立断，指挥士兵发动全面追击，最终大败吴军。眼见战局不利，吴王舍弃大部队伍，仅率数千精锐士兵匆匆逃离，藏匿于江南的丹徒县（今江苏省镇江市东南）。周亚夫乘胜追击，虽吴王逃脱，然吴军全体投降。随后，周亚夫发布悬赏令，以黄金千两悬赏捉拿吴王。经过一个多月的追捕，吴王终被东越人斩杀，头颅献至周亚夫处，以此报功请赏。

经过三个月的艰苦努力，吴国叛逆已被彻底消除，同时吴、楚等七国的叛乱也已被平定。周亚夫当初选择不战而守梁的策略，实则是为了保障汉室平定叛乱的大局，这一决策确实展现了其神机妙算的智慧。

古为今用

周亚夫的战略思维对现代企业具有启示意义：

战略耐心：用空间换时间的艺术。

周亚夫拒绝驰援梁国时，面临双重压力：梁孝王的十万火急与汉景帝的帝王诏令。这如同企业遭遇市场寒冬时，既要应对短期业绩下滑的焦虑，又要承受股东的质疑。但周亚夫深知战略的本质是取舍——牺牲局部城池，换取全局主动权。就像Netflix早期忍痛砍掉DVD业务，将资源聚焦流媒体；华为十年磨一剑投入芯片研发，在制裁中实现技术突围。

资源聚焦：精准打击对手命门。

吴军的致命弱点不在兵力多寡，而在粮草供应链。周亚夫派遣轻骑奇袭淮泗口，切断粮道的举动，暗合现代商战中的"痛点穿透"策略。当年亚马逊通过"次日达"物流体系撕开传统零售业缺口，本质上就是截断了对手的"粮草线"。如今特斯拉布局超级工厂和电池产能，同样是在新能源赛道构建粮草壁垒。

灵活调整：动态博弈中的破局点。

当吴军佯攻东南时，周亚夫早已预判西北有伏兵。这种"反直觉预判"能力，在商业中表现为对市场信号的提前解读。字节跳动在TikTok崛起前，就通过A/B测试预判了短视频风口；ZARA用"快速时尚"模式，将服装行业的交货周期从90天压缩到15天，本质上都是在时间维度重构竞争规则。

第三章 灵活应变，寻求生存之道

沉着冷静，智者生存

在日常生活中，我们难免会遭受他人的攻击和诬陷，能否摆脱被“欺负”的命运，就得看个人的智慧了。沉着冷静地处理危机，是克敌制胜的一大法宝，这样才能保证自己的人身安全和财产安全。

战国时期，张仪和陈轸是秦惠文王的门客，两人位高权重，不分伯仲，但是他们相处并不和睦，所以经常在秦惠文王面前争宠“斗法”。后来，张仪产生了嫉妒之心，因为他认为陈轸才能出众，担心他超越自己，也害怕有朝一日秦惠文王会冷落自己，更加重用陈轸。

于是，他伺机在秦惠文王面前构陷陈轸。

有一天，张仪对秦惠文王说：“大王经常派遣陈轸去楚国处理事务，但是楚国对秦国并不似从前那般友好，反而对陈轸非常好。可见陈轸是在为自己谋私利，并不是一心一意报效秦国。而且我听说陈轸为了一己私利甚至会把秦国的机密泄露给楚国。作为您的臣子，怎么能这样做呢？我不愿再同这样的人在一起做事。最近我又听说他打算离开秦国到楚国去。”

秦惠文王听了张仪的这番话非常生气，立刻召见了陈轸。一见面，秦惠文王就对陈轸说：“听说你想离开我秦国，准备去哪儿呢？”

陈轸听闻此话，感到莫名其妙，睁大了双眼直盯着秦惠文王。陈轸沉思片刻，感觉秦惠文王话中有话，于是镇定自如地回答：“我准备前往楚国。”

“张仪所说不假！”秦惠文王心想，这时更加相信张仪所说的话了。于是他慢条斯理地说：“可见张仪的话不假了。”

“竟然是张仪在背后说我的坏话！”陈轸这下全明白了。他没有马上回答秦惠文王的话，而是挺直了腰板儿，不慌不忙地解释说：“这事不单是张仪知道，很多人都知道。我如果不忠于大王您，楚王又怎么会接纳我做他的臣子呢？我忠心耿耿，却被人怀疑，看来只能去楚国了！”

秦惠文王听后，连连点头称是，但又问道：“你将我秦国的机密之事泄露给楚国是怎么回事呢？”

陈轸坦然一笑，对秦惠文王说：“大王，我这是将计就计，是在配合张仪的计谋，用来证明我不是楚国的奸细呀！”

秦惠文王听后一头雾水，望着陈轸发愣。

陈轸坦然自若地说：“我听过这样一个故事，说是楚国有个人有两个小妾。他的邻居看上了年纪大一些的妾，想方设法勾引她，却被那个妾骂得狗血淋头。邻居还是不死心，又去勾引年纪轻一点儿的妾，年轻的妾对他很热情。后来，那个楚国人死了。有人就问那个勾引两个妾的邻居，‘如果你要娶她们做妻子的话，你会选择谁呢？’他回答说，‘我会娶年纪大些的妾’。‘年纪大的骂你，而年纪轻的喜欢你，你为什么选择那个年纪大的呢？’他说：‘我当然希望她答应我。但是她辱骂我，这证明她对自己的丈夫很忠诚。如果做我的妻子，我希望她对我也忠贞不渝，对那些勾引她的人做到置之不理’。大王您想想看，我身为楚国的臣子，如果我常把秦国的机密传给楚国，楚国会信任我、重用我吗？楚国会收留我吗？我是不是楚国的同党，大王您应该知道了吧？”

秦惠文王听完陈轸的解释，消除了心中的猜忌，更加善待陈轸。陈轸冷静应对，既击破了谗言，又巩固了自己在秦国的地位。

古为今用

这个故事揭示了三条现代生存智慧：

认知防弹衣：面对突如其来的危机，冷静能形成心理缓冲带。陈轸没有陷入是否叛国的二元争论，而是跳出思维陷阱，用故事重构认知框架。就像职场中遇到谣言，与其急着自证清白，不如先分析信息源和传播路径。

信息降噪系统：在信息爆炸的时代，冷静能过滤无效干扰。陈轸用市井故事化解政治危机，本质是将复杂问题简单化。这启示我们，当遭遇网络暴力或职场 PUA 时，保持冷静才能识别真正的威胁，避免陷入情绪内耗。

长期价值锚点：陈轸通过楚人两妻的故事，暗示忠诚的价值在于一贯性。这提醒我们，在追求即时反馈的社会中，冷静守护长期价值比追逐短期利益更重要。就像投资市场，能在暴跌中保持冷静的人，往往能抓住被低估的机会。

狄仁杰智破诬陷局：留得青山在，不怕没柴烧

酷吏来俊臣诬告平章事狄仁杰等人有谋反的行为。为使狄仁杰尽快认罪，来俊臣用尽手段将狄仁杰打入了死牢，然后向武则天提交奏折，提议她发布命令，诱使狄仁杰承认反叛行为，以此作为减刑和免予死刑的条件。狄仁杰突然遭到监禁，既无法与家人联系，也无法面见武则天说明真相，心中焦急万分。狄仁杰知道来俊臣从少年时起就是个诡谲奸诈、反复无常的凶险小人，如今他更是变本加厉，仗着势力贪赃枉法，结党营私，为官期间大兴刑狱，制造各种刑具，判案不讲证据而采用严刑逼供之法，随意捏造证据置人于死地，据说死在他手下的人有十多万人之多。面对这样的境遇，狄仁杰想到了办法……审讯的日子很快就到了，来俊臣在公堂上宣读完武后诱供的诏书后，狄仁杰随即跪地告饶。他不停地说："我有罪，我有罪！理应受到处罚。"狄仁杰这一招，使来俊臣一头雾水。既然狄仁杰已经招供，来俊臣将计就计，判了他个"谋反属实"，但免去了死罪，等待进一步处理。

来俊臣退堂后，坐在一旁的判官王德寿向狄仁杰私下提议："你也可再诬告几个人，将自己的罪责推给平章事杨执柔等几个人，这样可以减轻您的罪名。"狄仁杰听后，坚定地回答："天地明鉴，我既未犯此罪行，更不会牵连无辜，怎能诬陷他人？"言毕，他猛烈冲向大堂中央的柱梁，顿时鲜血涌出。王德寿见状，吓得急忙上前将狄仁杰扶起，送到旁边的厢房里休息，又赶紧处理柱子上和地上

的血渍。狄仁杰见王德寿出去了，急忙从袖中抽出手绢，蘸着身上的鲜血，将自己的冤屈都写在上面，写好后，将血书塞入了棉衣里。没过一会儿，王德寿进来了，狄仁杰对王德寿说："天气逐渐热了，恳请您将我的棉衣送回我府上，让我的家人拆除棉絮进行清洗，让他们清洗干净后重新送还给我。"王德寿答应了他的请求。

当棉衣到达狄仁杰的儿子手中时，他对于父亲要求拆除棉絮的话产生了疑惑，他猜想父亲此举必然有深意。于是，他待王德寿离开之后，迅速拆开了棉衣，发现了藏匿于其中的血书。通过这封血书，他得知父亲正遭受人诬陷。他几经周折，托人将状子递到武则天那里，武则天看后，弄不清到底是怎么回事，就派人把来俊臣招来询问。来俊臣做贼心虚，一听说太后要召见他，知道事情不好，急忙找人伪造了一张狄仁杰的"谢死表"奏上，试图以此欺骗武则天，从而平息了此事。

朝中很多人对来俊臣的做法极为反感，有人面见武则天对她说："我等臣子敬佩您的才能与魄力，但令人痛心的是您的一世英名正在被来俊臣等人玷污，国家的律法竟也遭到来俊臣等人的操纵与滥用。如果您不相信的话，可尝试命人伪造一位您深信不疑、清廉忠诚的朝臣谋反的奏折，交由来俊臣处理，我可以担保，在他的酷虐的刑讯之下，没有人不认罪的。"

听完这话武则天有所触动，想起了狄仁杰一案，忙把狄仁杰招来，不解地问道："既然你是清白的，为何当初承认参与谋反？"狄仁杰言辞恳切地回答："我若不承认，现在肯定已经死在来俊臣的酷刑之下了，站在您面前的就是一个枉死的孤魂野鬼了。"武则天又问："那你为什么又写'谢死表'上奏呢？"狄仁杰坚决否认，恳求武则天明察秋毫。武则天拿出"谢死表"核对了狄仁杰的笔迹，发觉完全不同，于是识破了来俊臣的诡计，遂下令释放了狄仁杰。

古为今用

狄仁杰为人正直，疾恶如仇，在危急时刻，他深知留得青山在，不怕没柴烧的道理。面对酷吏，针尖对麦芒只会徒劳浪费力气。从这个历史故事中我们不得不佩服狄仁杰的足智多谋。这也让人明白了，真正厉害的人，并不是一味地表现自己的强势，而是在所谓“强势”面前，退让一步，避其锋芒，保存自己的力量不受损失，然后再积极去寻求解决问题的办法，掌握事情的主动权，才可能实现自己既定的目标。

范睢从屈辱到荣耀，谷底逆袭

范睢，战国时期魏国著名的谋士，他善于辩论，有三寸不烂之舌，怀有雄心壮志，渴望开疆拓土。但他因出身卑微，又怀才不遇，不得已只能委身在魏国大夫须贾的府中任事。

一次，须贾奉魏王之命出使齐国，范睢作为随从一同前往。齐国国君齐襄王对须贾很不礼貌，范睢挺身而出，不卑不亢，雄辩有理有节。齐襄王暗叹他的胆识与辩才，于是差人悄悄地送给他一份厚礼，以表示对智士的敬意。范睢对此深表谢意，却未敢接受齐襄王的赠礼。即使如此，范睢还是招来了须贾的怀疑。须贾执意认为，齐襄王送礼给范睢，是因为范睢出卖了魏国的机密。

须贾返回魏国之后，将范睢受贿的事告诉了魏国的相国魏齐。魏齐不辨真假，就对范睢进行了严厉的惩罚。在残酷的刑罚下，范睢的肋骨被打断了，牙齿也掉了几颗。为了保命，他只好装死。范睢虽已“死去”，但魏齐仍不放过他的“尸体”。魏齐命令在场的人一个接一个地在他的“尸体”上施虐，以警告大家以后不得卖国求荣。范睢在遭受非人的折磨和人格之辱后，一腔效命魏国的热忱也随之烟消云散。他凭借着仅有的一口气，向看守他的人说：“公能出我，我必厚谢公。”于是在看守人的帮助下，范睢得以逃脱。

范睢忍辱求全，过着东躲西藏的日子，就在这个时候，秦国的使节王稽来到魏国。范睢的朋友郑安平得知这个消息后，计上心头，他明白这是一个千载难逢的机会。他想，秦国国力强盛，有兼并六国的雄心，可以向王稽推荐范睢，将来范睢必能成就一番大业。于是郑安平抓住一切机会，滔滔不绝地向王稽讲述范雎的非凡才智。王稽为秦国求贤若渴，就在那天晚上，他与范雎会面了。范雎面对王稽，侃侃而谈，条分缕析，议论着天下大事。一席话还未谈完，其才情智慧已使王稽信服，王稽决定要将范雎带回秦国，让他的才华在更广阔的舞台上施展。

王稽的出使任务圆满结束后，便私下带着范雎启程回秦国。两人一路疾驰，当他们踏入秦国境内时，只见远处尘土飞扬，一队车骑奔驰而来，范雎忙问王稽道："那边来的是谁？"王稽回答说："来的是秦相穰侯魏冉。"范雎一听便说："我听闻穰侯长期独揽秦国大权，对外来的人并不友好。我若与他相见，恐怕只会招来他的轻视。请您把我藏在车里，避免与他见面。"正说着，魏冉的车骑已到。魏冉向王稽说了一番抚慰他出使辛苦的客套话之后，果然不出范雎所料，魏冉接着询问王稽："使君出使归秦，有没有带着其他国家的客人啊？如果这样做，对我们秦国并无益处啊！"王稽看到这种情况，心中暗暗称赞范雎的远见之明，他急忙回答："没有。"魏冉看了看王稽就带着他的一众人马走开了。

随着魏冉一行人的车轮声渐行渐远，范雎这才从车中探出身来，望着魏冉的身影消失在视野尽头，他若有所思地说："我听说魏冉是一个聪明人。刚才他已经怀疑车中有人，只是决心下慢了，竟忘了搜车！"范雎一念及此，立刻果敢地对王稽说："魏冉此去，必然会后悔，定会派遣人手回头搜查您的车辆。我必须下车躲避！"话音刚落，他便迅速跳下车，隐没在路旁的树丛中。王稽带着自己的随从、仆人，方才走了十多里，背后突然响起了一阵急促的马蹄声，犹如鼓点般紧张激烈。魏冉派回的骑兵如风驰电掣般赶至，将王稽的车辆团团围住，进行了一番严密的搜查。确认车内并无他人后，他们才疾驰而去。随着骑兵的离去，大道恢复了往日的宁静。范雎从小路闪出，与王稽相顾一笑，随后他们挥鞭策马，向着秦都咸阳的方向飞奔而去。

范雎逃离魏国，来到秦国后获得秦昭襄王的信任。秦昭王采用范雎的谋略，对内加强中央集权，对外采用著名的“远交近攻”策略，不断扩大国土，秦昭王任命他为相国，封应侯。

古为今用

范雎的故事告诉我们，即使在最黑暗的时刻，只要拥有坚定的意志和清晰的目标，就有机会实现谷底逆袭。在现代，无论是在个人发展还是企业经营中，这种精神同样适用。面对困难和挑战，我们需要勇于承担责任，不断学习和提升自我，同时也要有策略地处理人际关系和权力结构，以实现目标。

范雎的智慧和忍耐也是值得学习的。他懂得如何与不同的人合作，建立同盟，最终实现自己的目标。在维持和发展个人或企业关系时，同样需要这种灵活应变和长远规划的能力。

范雎的故事是一个关于逆境中成长、智慧与勇气并存以及在复杂社会中保持自我和实现目标的典范。在现代社会，这些原则和精神仍然具有重要的意义和价值，激励着每一个人在面对挑战时，能够坚持不懈，最终达到自己的人生巅峰。

柳公权戒骄戒躁，百尺竿头更进一步

柳公权小时候，有一天在和几个小伙伴玩将军骑马的游戏。他争强好胜，要当将军，让其他孩子给他当马骑，遭到其他孩子的拒绝，他便要和他们比书法，他说谁写得好，谁就当将军。说完后，他不管其他孩子同不同意他这种比赛方法，就迅速从兜中掏出纸来，铺在地上，又掏出笔墨，便写了起来。恰在这时，一位卖豆腐的老汉走了过来，对小公权傲慢的做法很是不满，于是把豆腐挑子放在地上，走过来看他写字，准备好好地教育教育他。

小公权写完一篇之后，抬起头正要对其他小伙伴炫耀，却看到一个老汉也在看他写字，便主动地将自己写的字递给老汉说："老伯伯，我叫柳公权。"老汉接过他写的字，纸上写着："会写飞凤家，敢在人前夸。"老汉觉得这孩子太傲慢了，皱了皱眉头，沉吟了一会儿，才说："我看这字写得并不好，不值得在人前夸。这字似我担子里的豆腐一样，缺乏筋骨，形态虚浮，不应轻易夸赞。"小公权听了老汉的话很生气，不服气地说："大家都说我的字写得好，你却不这样认为，有本事你写几个字让我开开眼。"老汉爽朗地笑了笑，说："我老汉是一个粗人，怎么能写好字呢？但是我知道，有人用脚写都写得比你好得多呢！不信，你到华原城里看看去吧！"

小公权很生气，想到竟然有人会用脚写字，而且比他写得还要好，就决定去看看那个用脚写字的人。华原城离他家有 40 多里路，第二天，他五更就起来了，悄悄给家里人留了个纸条，背着馍布袋就独自往华原城去了。

抵达华原城后，他在南门附近的北街上，发现了一棵古老的槐树下挂着一块白布招牌，上面以雄健且流畅的笔触写着“字画汤”三个大字。众多围观者聚集于此，他被这热闹的场景所吸引，挤入人群中一探究竟。他看到一个身形消瘦、双臂缺失、赤足坐地的老翁正在创作对联，他用左脚固定纸张，右脚则熟练地夹持着毛笔挥洒自如，笔下的字迹龙飞凤舞，引得旁观者阵阵喝彩。

柳公权意识到卖豆腐的老翁所言非虚，内心充满了羞愧。他深感自己的书法技艺与这位被人们称为“字画汤”的老者相比有着天壤之别。他扑通一声跪在“字画汤”面前，说：“我愿拜您为师，我叫柳公权，请收下我，愿师父告知我写字的秘诀……”“字画汤”慌忙放下脚中的笔，说：“我只是个孤苦的残疾人，生来没手，干不成活儿，只得靠脚巧混生活，虽能写几个歪字，怎配为人师表？”小公权一再苦苦请求，“字画汤”才在地上铺了一张纸，用右脚提起笔，写道：“写尽八缸水，砚染涝池黑；博取百家长，始得龙凤飞。”

随后，“字画汤”向他传授了其一生的书法心得：自幼用脚书写，经历五十余年风风雨雨，耗尽八大缸水，洗砚墨水至令家外半亩大的池塘水变为墨色。他谦虚地表达了自己虽经年累月苦练，但书法之路仍旧漫长。柳公权把老人的话牢牢地铭刻在心里，他深深地谢过“字画汤”，就依依不舍地回去了。

自此以后，柳公权时时把“戒骄”二字记在心中，勤奋练字，虚心学习，手上磨起了厚厚的茧子，衣肘补了一层又一层。他学习颜体的清劲丰肥，也学习欧体的开朗方润，同时还学习“字画汤”的雄劲豪放，也学宫院体的清秀妩媚。靠着不骄不躁的心境，加上长年累月的学习，柳公权终于成为一代书法大家。

古为今用

我们应该像醒悟后的柳公权一样戒骄戒躁、百尺竿头更进一步。在取得一定成绩后，我们不能沾沾自喜，而应该保持谦虚谨慎的态度，不断追求更高的境界。只有这样，我们才能在人生的道路上不断前行，取得更大的成功。

同时，柳公权的故事也告诉我们，成功并非一蹴而就，而是需要付出艰辛的努力和长期的坚持。我们要像柳公权一样，始终保持对事业的热爱和执着，勇往直前，不断攀登新的高峰。

我们要以戒骄戒躁的态度面对生活中的挑战，努力成为更好的自己。

少年铁木真的逆袭之路：忍辱负重，不言放弃

铁木真 9 岁时，他的父亲也速该亲自到斡勒忽讷惕部为铁木真去求亲。在返回途中，遇见塔塔儿人在聚会，塔塔儿人诚意邀请也速该参加他们的宴会，谁知在这次聚会上塔塔儿人竟然毒死了也速该。也速该家族的权力全被泰赤乌氏部族所夺取。从此，铁木真母子过着衣不遮体的悲苦生活。

泰赤乌氏族的首领害怕铁木真长大后会找自己报仇，带人把铁木真抓去，给他戴上手枷和头枷，四处游街示众。面对如此困境，铁木真并没有轻言放弃，他抓住泰赤乌氏人举行宴会的机会逃走了，隐入茂密的森林里，后来又潜入斡难河水中隐蔽。泰赤乌氏族的属民锁儿罕失剌发现了铁木真，偷偷对铁木真说："他们怕你会复仇，所以要杀了你，我看你像个人才，你就藏在这里，我不泄露给别人。"他说服部众，停止了搜捕。第二天，无法脱身的铁木真又找到锁儿罕失剌，请他帮助自己逃走。锁儿罕失剌的儿子让他藏在装满羊毛的车上，并嘱咐妹妹合答安好好照料他。在锁儿罕失剌的救助下，铁木真成功脱险并与母亲团聚。

后来，为了家族复兴，铁木真迎娶了来自弘吉剌部兼具美丽与智慧的孛儿帖。为了重振家业，他决定寻求更强大的盟友。他与弟弟哈撒儿和别勒古台一道来到土兀剌黑林（今属蒙古国），找到他父亲的至交克烈部首领王罕，向他奉献了礼物，并尊王罕为其父，表示愿意投靠王罕。王罕接受了他的请求，答应全力支持他们。

在王罕的保护下，铁木真积累力量，其麾下汇聚了众多英勇的勇士，逐步形成了一支强大的队伍。他还不断暗暗地收集部众，积蓄着复仇的力量。

但就在他的羽翼未丰的时候，铁木真遭到了蔑儿乞人的突然袭击。因为寡不敌众，他们被迫逃入山中，但他的妻子孛儿帖被敌人俘获。面对这样的局面，铁木真并不气馁，他积极想办法。随后，铁木真请求王罕援助自己，依靠王罕的力量，铁木真趁蔑儿乞人毫无防备时发动攻击，成功取胜，并救回了当时已怀有身孕的妻子孛儿帖，不久后得子术赤。经过这次战争，铁木真的力量逐渐壮大起来。

王罕　　铁木真

一两年后，铁木真摆脱了对王罕的依赖，自主建立了独立的营地。铁木真不问出身，吸引了很多弱小的氏族，被大家拥戴为领袖。铁木真的影响力日益扩大，一些原来有名望的乞颜贵族也向铁木真靠拢。合不勒汗的长支主儿乞氏的撒察别乞，也速该之弟答里台斡惕赤斤，兄捏坤太子之子忽察儿等人不愿过寄人篱下的生活，携其部众回到铁木真身边。他们在部族长联合会议上，共同推举拥有较强势力的铁木真为可汗，并表示服从。

铁木真因此立即建立起了一套巩固自己统治地位的制度。他任命最早追随他的亲信那可儿博尔术和折里麦为总管，并分设了带弓箭的、管饮膳的、掌管牧羊的、管修造车辆的、管家内人口的、管带刀的、掌驭马的、管牧养马群的、负责远哨近哨的和守卫宫帐的等十种职务。担任这些职务的人员，除其弟外几乎全是他的亲信。通过这套制度，铁木真形成了一个功能齐全、分工明确的军队组织结构。他制定并实施严格的纪律和制度，以便使他们更适合于大兵团活动，从而为统一蒙古奠定了基础。

古为今用

铁木真的少年时期充满了艰险与挑战。这些经历犹如锤炼的火焰，塑造了他坚毅勇敢的品质。面对家族的深仇大恨，他选择了忍辱负重，默默地积蓄力量，等待翻盘的机会。铁木真的故事告诉我们，无论前方有多少困难，我们都要坚持下去，因为只有这样，我们才能看到那一片属于我们的天空。

铁木真的逆袭之路宛如一部励志史诗，对现代社会有着深刻启示。他幼年历经苦难，父亲离世、游街示众、被敌人追捕，这些磨难让他学会了“沉默时积蓄力量，爆发时精准致命”的生存法则。正如创业者面对资金链断裂，放下身段跑市场、做地推，低谷成为重构认知的契机。

他还深谙联盟的艺术，早期依附克烈部王罕，以“低头不是认输，而是计算胜负”的智慧，甘愿以义子身份换取资源。这就像职场新人虚心向前辈请教，隐忍蛰伏，待羽翼丰满，曾经的委屈都化作谈判的底气。

与蔑儿乞人之战的惨败并未击垮他，反而促使他完成关键改革，将部落重新编制，建立合理而高效的组织结构。失败成了战略的修正剂。在现代，我们也应学习他忍辱负重、不言放弃的精神。无论遭遇何种困境，都要像铁木真一样，把苦难当作成长的磨刀石，暂时妥协为终极掌控蓄力，从失败中汲取力量，实现逆袭。

司马懿装病夺权：瞒天过海，笑到最后

魏景初三年（239），魏明帝驾崩，年幼的齐王曹芳承袭皇位。遵循明帝之遗愿，大将军曹爽与太尉司马懿共担辅政之重任。

最初，司马懿因其崇高威望与深厚德行，在涉及军事与国家大事之时，曹爽均不敢擅自决断，而依赖于司马懿的智慧。然而，随着时间推移，曹爽为扩大自身影响力，开始引荐何晏、李胜等人作为自己的亲信与智囊。这些人不断向曹芳进言，指出司马懿的声望过于显赫，不宜将国家军事大权全权交托于他。曹芳因涉世未深，易受他人影响，遂采纳了这些建议，决定让何晏等人掌握大权，并逐步剥夺了司马懿手中的权力。

面对当前局势，司马懿暂时无法采取有效措施。他深知自己虽受明帝遗诏与曹爽共同辅佐朝政，但曹爽身为宗室显贵，掌握实权，而自己虽名义上仍为太尉，实则兵权已被剥夺，成为有名无实的太傅，难以与曹爽抗衡。因此，司马懿选择以生病为由，暂时避居家中，以避免与曹爽正面冲突。

司马懿的隐居行为正符合曹爽的期望，使得曹爽得以无所顾忌地与何晏等人纵情声色，恣意挥霍，生活奢华堪比帝王，尽管民众对此深感不满，却敢怒而不敢言。然而，司马懿并未因此放弃对局势的关注和判断，他一直在暗中观察形势，等待合适的时机。

正始九年（248），曹爽亲信李胜奉命出任荆州刺史一职。曹爽遂命李胜前往司马懿处辞行，意在暗中观察司马懿之动态。司马懿闻讯后，自称卧病在床出入需婢女搀扶。待李胜至，司马懿手捧衣

物，却不慎让其落地。接着又复示口渴之意，婢女随即奉上粥品，然司马懿饮粥时，粥汁顺嘴角流淌至胸前。

看到司马懿的虚弱和憔悴，李胜以悲痛的口吻说道：“我国年幼的君主急需倚仗您这样的明智之人来稳定天下。虽然听闻您旧病复发，但未曾料到病情竟已如此严重。”随后，司马懿发出一声长长的叹息，回应道：“我年老体衰，生命垂危。你即将前往并州担负重任，那里接近胡人，务必谨慎行事。恐怕我们难有再见之期。”李胜立刻澄清道：“我即将赴任的是荆州，而非并州。”然而，司马懿似乎有些神志不清，再次重复道：“你即将前往并州，望你多加小心。”

李胜此刻已无暇顾及外交辞令的细腻，直言不讳道：“我即将前往的是荆州，而非并州。”司马懿闻言，略有所悟，回应道：“你回归故里出任刺史，必能施展才华，建立赫赫功勋。我与你分别之后，恐难再相逢。”随后，他唤来两个儿子司马师与司马昭，介绍给李胜，并嘱托他在自己身后多加关照。言罢，司马懿不禁流露出哀伤之情。实际上，他的身体状况尚佳，此举乃是故意施展的障眼法以试探李胜。考虑到李胜系荆州人士，将回归故乡担任刺史称为“归本州”，而“本”与“并”在发音上相近，司马懿借此巧妙地诱导了李胜，使其误解。

李胜自司马懿府邸归来，再遇曹爽，喜悦之情溢于言表，言辞间透露着对司马氏的不屑：“太傅言语乖张，举止失措，颠倒黑白，已然病入膏肓，恐命不久矣。”自此，曹爽对司马懿的敬重荡然无存，再也不把他放在眼里。

第二年正月，依照惯例，幼主曹芳前往高平陵祭拜祖先，曹爽陪同出行。此时，司马懿果断行动，迅速在城中布置兵力，首要目标是占据子武库，从而掌控整个都城。接着，他率领军队进入山城，占据曹爽的军营，削弱其势力，并严令曹爽交出兵权。在局势稳定后，司马懿果断采取了行动，将曹爽及其党羽彻底清除。

古为今用

在现代社会中，我们也常常需要运用类似的策略来应对复杂的情况。

耐心等待时机是关键。司马懿在装病期间，并没有急于求成，而是耐心等待最佳时机的到来。同样，在现代职场或商业竞争中，我们也需要学会等待和观察，不要急于一时之利。

隐藏真实意图也是一种重要的策略。司马懿通过装病，成功地隐藏了自己的真实意图，使对手放松了警惕。在现代商业竞争中，我们也需要学会隐藏自己的真实意图，以免被竞争对手察觉。

建立强大的支持网络也是成功的重要因素。司马懿在装病期间，暗中结交了一批忠诚于自己的人马。这些人在关键时刻给予了他巨大的支持。在现代社会中，我们也需要建立一个强大的支持网络，包括朋友、同事和合作伙伴等。

楚庄王一鸣惊人，相时而动

楚庄王，战国时期楚国之君主，于即位之初三年间，专注于田猎与声色逸乐，对朝政事务置若罔闻。其甚至明文昭告："有敢进言于寡人者，立斩不赦。"当时，周边诸国频频侵扰，国内臣子亦多贪腐渎职，国家岌岌可危。诸多忠诚于国家之臣子深感忧虑，然无人敢于直言进谏。

大夫伍举深感朝政之腐败，忧心如焚，遂决定不顾生死，入宫面见庄王。尽管他身材不高，却拥有机智幽默的言辞。他深知直接陈述己见可能引起庄王的不满，于是巧施妙计。鉴于庄王喜好猜谜，伍举特地为他准备了一个谜语，以期借此巧妙之机表达自己的见解。

伍举来到王宫，目睹庄王怀抱佳人，四周环绕乐师，酒宴之间欢声笑语。庄王瞥见伍举身影，含笑而问："卿来此，是为品酒，还是为赏乐？"伍举正色回答："臣非为酒乐而来，乃有疑惑待大王解惑。"

庄王询问伍举："有何事情需要禀报？"

伍举回答道："近日，有只大鸟自附近山上飞来，已三年之久，却未曾展翅飞翔，也未发出过一声鸣叫。臣对此深感困惑，不明其因，亦不知此鸟究竟是何种类。"

庄王说："此鸟非比寻常。它三年不飞，一飞必定冲上九重云霄；它三年不叫，一叫就会惊人。你去吧，你的意思我已经明白了。"

然而，数月已过，庄王依旧沉溺于逸乐之中，生活荒淫无度，愈演愈烈。大夫苏从深感忧虑，认为长此以往，后果不堪设想。因此，他毅然决然地摒弃了伍举的迂回策略，选择直接入宫，坦诚地劝谏庄王。

庄王严肃地说：“你莫非未曾目睹我所颁布的法令？”

苏从以沉稳而庄重的口吻阐述道：“我确实曾目睹。身为国家之栋梁，我享受着崇高的地位和优渥的待遇。若我因贪生怕死而缄默不言，对君王的过失视而不见，那我便不配称为忠臣。倘若我的牺牲能够唤醒君王的明智，那我愿意毫不犹豫地赴死。”

此言一出，楚庄王立刻挺身而起，下令撤去歌舞乐队，即刻亲临朝政，聆听政务。自此之后，他极为器重伍举与苏从二人，并通过详尽的调查与核实，将过去三年间利用职务之便贪污腐败的数百名官员一一清除，同时提拔了数百名忠于职守的官员。庄王亲政后，政治清明，百姓安居乐业。正是在这一年，庄王发动军队，成功灭亡了庸国。不久后，他又领兵进攻宋国，缴获了五百余辆战车。楚国因此迅速崛起，势力大增。

古为今用

楚庄王的“一鸣惊人”，实际上是他对时机的深思熟虑和精心准备。他明白，在力量不足或时机不成熟时，盲目行动只会招致失败。因此，他选择了隐忍和等待，直到时机成熟，一举成功。

这种“相时而动”的智慧，在现代社会同样具有重要意义。在快节奏、高竞争的时代，我们每个人都面临着无数的机遇和挑战。然而，并非所有的机遇都值得我们去把握，也并非所有的挑战都适合我们去面对。因此，我们需要像楚庄王一样，具备敏锐的洞察力和判断力，学会在适当的时候采取行动。

比如，在职业发展中，当我们发现某个领域存在巨大的潜力和机会时，就应该果断出击，努力提升自己的能力和竞争力。而在面对困难和挫折时，我们也不必急于求成，而是应该保持冷静和理性，寻找解决问题的最佳途径。

总之，“一鸣惊人”的故事告诉我们，成功需要耐心和智慧。只有学会相时而动，才能在人生的道路上走得更远、更稳。

第四章

治理与发展，自我维持与革新成长

羊祜的怀柔战术，柔弱胜刚强

晋武帝司马炎在建立晋朝之后，决心实现天下大一统的宏伟目标，首要任务就是消除南方的吴国威胁。为此，他深思熟虑后，决定任命羊祜为荆州都督，全面负责该地区的军事管理，并统领大军驻扎在关键位置，与东吴形成隔江对峙的态势。

羊祜抵达南方后，并未急于采取军事强化措施，而是审慎地推行怀柔政策。他开设学校，安抚远近地区百姓，此举迅速赢得了江汉地区民众的广泛支持。在与吴国人的交往中，他坦诚相见，对于愿意离开荆州前往他处的投降者，他均予以放行，不加阻拦。位于襄阳附近七十余里的石城，曾是吴国的军事要地，多次侵扰边境。经过羊祜的巧妙斡旋，吴国最终撤除了石城的守备，使两地得以和平共处。此举不仅使羊祜能够减少一半的戍兵，而且腾出了人力开垦了八百余顷田地，获得了显著的收益。羊祜初到之时，军中粮食储备不足百日之需；然而，经过他的精心治理，竟积累起了可供十年之用的储粮。鉴于其卓越的表现和成就，皇帝不久后便下令撤销江北都督一职，设立南中郎将，并将汉东和江夏的军队统归羊祜指挥。

之后，羊祜继续扩大势力范围，成功占据了战略要地，并下令建造了五座城池。这些行动使大片肥沃的土地得以纳入晋国版图，同时也让吴国的财富和资源转移到了晋国手中。自此，石城以西的地域尽归晋国统治。随着时间的推移，越来越多的吴国人民选择向晋国投降。面对这些新归附的民众，羊祜更加注重实施恩德信义，采取怀柔政策来笼络他们。

羊祜在与吴军交锋之际，始终恪守诚信原则，坚持在开战前与对方商定日期，绝不采取突然袭击的战术。当吴国的将领陈尚、潘景率军进犯边境时，羊祜果断出击，将他们击退。然而，他并未因此轻视对方，反而对二人的气节给予了高度评价，并为他们安排了庄重的葬礼。此外，当羊祜的军队穿越吴国领土时，他们在收割稻谷时都会精确计算数量，并通过绢织品进行等值补偿。在江沔地区举行联合狩猎活动时，羊祜总是确保活动在晋国境内进行。若猎物在被晋兵捕获前已遭吴人伤害，他会命令部下将其归还给吴国人。由于他的这些公正和尊重对手的行为，吴国人民对他深感敬意，尊称他为羊公。

羊祜与吴国将领陆抗对峙。两军使者频繁往来，陆抗对羊祜的品德与气量赞誉有加，认为即便是乐毅、诸葛亮亦难以与之相提并论。陆抗因病卧榻，羊祜得知后，立即派人送去药物。陆抗欣然服用，毫无疑虑。有人疑心药物有毒，欲加以劝阻，陆抗则以坚定的口吻反驳道：“羊祜岂是行此险恶事之人！”

陆抗深知羊祜所采取的怀柔策略。因此，他时常提醒麾下将士：“若羊祜等仅致力于布施德政，而我们却偏执于使用武力，这必将导致我方不战而败。当前，我们应坚守各自的疆界，切勿贪图小利。”吴国君主孙皓在听闻吴晋边境实现和平后，对陆抗提出了质疑。陆抗回应道：“即使是小镇小乡，亦不能失去信义，更何况是泱泱大国。我若不采取此举，只会助长羊祜的名声，对他并无实质性的损害。”

羊祜在处理与吴国军民关系时，采取了怀柔策略，同时积极整理军备，加强军事训练，为未来的军事行动做了全面准备。他上书晋武帝司马炎，指出自平定蜀地已有十三年之久，如今吴国皇帝孙皓残暴无道，百姓深受其苦。与此同时，我国晋军实力已超越往昔，正是平定东吴、实现天下统一的绝佳时机。此举将为国家带来安宁，使人民重归和谐。此外，羊祜还对灭吴的战略与战术提出了诸多独到的见解。

羊祜因病返回洛阳后，仍坚持抱病向晋武帝亲自陈述关于伐吴的重要计划。随后，晋武帝亦派遣中书令张华前去征询其筹划与策略。羊祜的病情逐渐恶化，他举荐杜预作为自己的接班人。不久后，他因病去世，享年五十八岁。当天正值大寒时节，晋武帝闻讯后，身着丧服，悲痛欲绝，泪水沿着鬓须流淌，最终凝结成冰。在荆州的市集上，民众听闻羊祜逝世的消息，纷纷失声痛哭，市集因此陷入沉寂，只剩哭声连成一片。与此同时，吴国边境的将领亦得知羊祜离世的消息，他们同样感到悲痛不已，纷纷为他流泪。

羊祜死后两年，吴国被平定，大家都为皇帝庆贺。晋武帝拿着酒杯流着眼泪说："这都是羊祜的功劳啊！"

古为今用

羊祜在与吴国对峙期间采取的怀柔政策，不仅展现了他卓越的军事才能，更体现了他高超的政治智慧。他通过一系列仁义之举，赢得了敌方士兵和百姓的心，为最终的胜利奠定了基础。这种策略在现代的为人处世中依然具有重要的借鉴意义。

首先，羊祜的“诚信”精神值得我们学习。他与吴军约定交战时间，从不偷袭，这种坦荡磊落的态度赢得了对方的信任。在现代社会，无论是商业合作还是人际交往，诚信都是建立良好关系的基础。只有真诚待人，才能赢得他人的信任和支持。

其次，羊祜的“宽容”态度也是我们应当效仿的。他庄重安葬敌人，这些举动不仅化解了敌意，还赢得了人心。在现代生活中，宽容和理解能够帮助我们化解矛盾，促进和谐。面对冲突和分歧时，如果我们能够多一些理解和包容，就能减少许多不必要的摩擦。

最后，羊祜的“公平”原则也值得我们深思。他严格遵守规则，对待所有人都一视同仁。这种公平公正的态度不仅树立了个人威信，也为团队营造了良好的氛围。在现代职场中，公平对待每一位同事，尊重每个人的意见和贡献，能够激发团队的凝聚力和创造力。

总之，羊祜的怀柔政策不仅是一种军事策略，更是一种为人处世的智慧。在复杂的社会环境中，诚信、宽容和公平是构建良好人际关系的重要基石。通过这些品质，我们不仅能够赢得他人的尊重和信任，还能为自己创造更多的机会和可能性。

季札挂剑，诚信重千钧

春秋时期，吴王寿梦的四个儿子中，季札排行最小，却因其贤能和高尚的德行，被父亲视为未来的继承者。他的兄长们也都十分通情达理，承认自己的才情不及季札，只有季札最有资格继承王位，所以都争相拥戴他即位。吴国的臣民也对他寄予厚望，一致希望季札能够登基为王。然而季札对权势没有丝毫的渴望，毅然拒绝了大家的美意，坚持把王位让给哥哥，并隐居山林之中不问世事，以表明他坚定的志节。吴国上下看到季札对权力如此淡泊，只好放弃了原来的想法。

公元前 544 年，季札被赋予重任，前往北方的鲁国访问。途经徐国时，季札看到徐国人民安居乐业，生活富足安康，内心不禁对徐国国君的仁义善政表示由衷的赞扬。季札被这样的景象深深打动，决定临时拜访徐国国君，倾吐仰慕之情。徐国的国君早已听闻季札的贤名，对于他的到访感到格外欣喜，立即命令侍从设宴接待。两个人见面后一见如故，相谈甚欢，徐国国君注意到季札佩带的精美宝剑，心想："这宝剑甚是精美，我要是有一把这样的宝剑该多好啊！"徐国国君几次欲言，又不便启齿。敏锐的季札察觉到了徐国国君的心思，打算将剑赠予徐国国君。不过他忽然想到，身为使者，佩带宝剑是对他访问的国家的一种尊重，也是一种礼节。如果他现在把剑赠给徐国国君，等他出访鲁国时，那将是对鲁国极大的不敬。因此，季札改变了主意，不再计划将剑赠予徐国国君，但他决定，待他从鲁国返回后，他一定会将这把剑赠予徐国国君。

结束了对徐国的访问后，季札又带着一行人来到了鲁国，同样受到了鲁国国君的热情招待。在鲁国旅居的这段时间，鲁国人对季札的才华和智慧钦佩有加，这也深化了两国之间的友好关系。

在归途中，季札心中始终铭记着对徐国国君的承诺。当再次途经徐国时，他决定履行当初的诺言，将珍视的宝剑赠予徐国国君。遗憾的是，他接到了徐国国君已经离世的噩耗。季札为此深感哀痛，并对自己的承诺未能实现感到懊悔。他解下宝剑欲将其赠给徐国现在的继承人。身边的侍从劝阻他说："这把宝剑是吴国的国宝，怎么能轻易送人呢？何况现在徐国国君已经不在人世，又何必赠送呢？"季札说："上次同徐国国君交谈时我未将剑赠予他，是因为我还有完成出使鲁国的任务，但在我心中早已将剑许给了徐国国君，无论对方生死，都不能违背自己的承诺。再说，我作为吴国的公子及使臣，如此不讲信用，若传出去吴国的颜面何存呢？别人也会看不起我们的。"

然而，徐国嗣君却不敢接受季札如此贵重的礼物，且说道："我没有先君的遗命，不敢接受如此贵重的宝剑。"于是，季札将宝剑悬挂于徐国国君墓前的柳树上，以示对徐国国君的尊重和对自己承诺的坚守。季札的做法受到了徐国人的赞扬，他们还编了一首歌来歌颂他："延陵季子兮不忘故，脱千金之剑兮带丘墓。"从此，"季札挂剑"的故事广为流传，成为信守承诺的典范。

古为今用

从"季札挂剑"这个故事中，我们可以看到"诚信"两个字蕴含的深刻意义，它最感人的地方就在于，季札对承诺的坚守，即使在对方已离世的情况下，他仍不违背内心之约。这种崇高的境界实在让人感动，一幕挂剑演绎了古信高义，传承了重信守诺。守信是人格确立的重要途径，若一个人缺失诚信，是难以交到真正的朋友的，因为没有人愿意与不讲信用的人交往。也许背离诺言仅一次，但其负面效应可能放大百倍，它会令你永远失去别人的信任，更不要指望别人会对你有所尊重。

季札在心中许下的承诺，即使面对徐国国君的去世，依然坚定不移地履行。这种行为超越了物质的价值，体现了诚信的力量。正如孔子所言："君子欲讷于言而敏于行"，季札的行动证明了诚信不仅是口头上的承诺，更是内心的坚守和实际的行动。

诚信不仅是对他人的一种尊重，更是对自己的一种约束。季札在徐国国君去世后，依然坚持将宝剑挂在墓前，这是一种对内心承诺的尊重。正如《大学》所说："欲修其身者先正其心"，季札的行为正是内心自律和忠诚的体现。

在现代社会，诚信依然是构建和谐社会的基石。无论是个人还是企业，诚信都是立足之本。无论在什么情况下，都应该坚守诚信的原则。

季札挂剑的故事历经数千年，依然被后人传颂不衰，这正是因为它所蕴含的诚信精神具有永恒的价值。在当今社会，人们更加需要这样的精神指引。正如《道德经》所说："慎终如始，则无败事"，我们应该始终如一地坚守诚信，这样才能立于不败之地。

坚守内心的承诺，践行诚信的原则，才能构建一个更加和谐、美好的社会。正如孔子所言："人无信则不立。"

孟子受金：君子爱财，取之有道

孟子，名轲，战国时期邹国（今属山东省）人，是鲁国贵族孟孙氏的后代。他在二十余年的游历中，访问过齐、宋、滕、魏等国。

公元前356年至公元前320年，孟子赴齐国，齐威王在位。当时匡章背着“不孝”的坏名声，但孟子仍礼貌地对待他。他在齐国宣扬“仁政无敌”主张，结果却不得志。齐威王曾要赠送他兼金一百镒（古代重量单位，以二十两或二十四两为一镒），他坚决谢绝并离开了齐国。

后来，孟子就到了宋国。这时正是宋公子偃自立为君的时候。他在宋国期间，滕文公还是世子，滕文公去楚国经过宋国时见到孟子。孟子向其阐述了人性本善的观念，并以古帝王尧舜为例。滕文公从楚国回来又在宋国见到孟子，孟子说：“世子疑吾言乎？夫道一而已矣。”意思是，只要好好向先王学习，就可以把滕国治理好。在不久后，孟子接受了宋君的七十镒黄金馈赠后，回到故里邹国。之后，孟子又抵达薛国，在那里，接受了薛君所赠送的五十镒黄金。

后来，孟子的弟子问：“在齐国时，齐王送给您上好的黄金一百镒，您却没有接受，后来在宋国，宋王送给您七十镒黄金，您却接受了，在薛国，您也接受了薛君送您的五十镒黄金。如果说先前不接受齐王的馈赠是对的，那么后来接受宋王的馈赠就是错的；如果说后来接受馈赠是对的，那么开始的不接受就是错的了。这两种情况老师您肯定属于其中的一种。”孟子说：“其实接受和不接受都是对的，都符合礼仪的要求。在宋国时，我要出门远行，宋国对出行者必定要有所馈赠，宋君是在赠送盘缠给我，为什么不接受呢？在薛国时，我有戒备之心，薛君知道我有所戒备，给我送上购买武器的费用，我为什么不接受呢？反观在齐国的情况，无缘无故赠金，实则有贿赂的嫌疑，而君子是不能用金钱来收买的。”

古为今用

通过孟子对馈赠黄金的不同态度，我们可以引申出现代君子在面对财富时的正确态度。首先，君子应当有正确的财富观，认识到财富本身并非罪恶，关键在于如何获取和使用财富。其次，君子应当坚守道义，不因财富而违背自己的原则和道德标准。最后，君子应当根据具体情况灵活处理，合理接受馈赠，但必须确保不违背道义。

总之，孟子在齐国、宋国、薛国对馈赠黄金的不同态度，为我们提供了关于现代君子如何对待财富的深刻启示。君子爱财，取之有道。通过坚守道义，灵活处理，我们可以成为一名真正的君子，既追求财富，又不失道德操守。

王导谦和治国，镇之以静

西晋末年，经过“八王之乱”及“永嘉之乱”后，北方大片土地落入胡人之手。面对此变故，北方士族大多选择南迁，史称“衣冠南渡”。

西晋灭亡后，王导积极出谋献策，团结南北士族，共同拥立司马睿为帝，即晋元帝，建立东晋政权。当时江南地方大族，并不看重司马睿，认为他所创立的政权会是昙花一现，因此不来拜见他。

面对这个不利情况，王导想到了一个办法。这年三月初三，司马睿乘肩舆出游盛具威仪，而王导、王敦和其他北方南下的大族名流都骑马随从，一行人声势浩大，街上的行人也都纷纷驻足叩拜，这当即就提高了司马睿的威望。江南有名的士族顾荣等听到这个消息，颇为震惊，怕自己怠慢了司马睿，纷纷来拜见司马睿。这样一来，司马睿在江南士族中的威望就提高了。

随后，王导建议司马睿拉拢地方名士顾荣和贺循，以获得更多人的支持。王导积极运作，在他的劝说下，顾荣、贺循都做了东晋王朝的官员。从那以后，江南大族纷纷拥护司马睿。

司马睿在建康站稳脚跟后，深感王导之功。他对王导说：“你真是我的萧何啊！”朝野上下也称呼他为“仲父”，可见其地位之高。但是王导始终保持谦逊的态度，致力于国事，不追求名利。

在晋元帝即位的典礼上，王导连同其他文武官员都来宫中朝见。晋元帝见到王导，从御座上站了起来，把王导拉住，恳请他与自己共坐御座，以接受群臣的跪拜。此举令王导感到极为震惊。他推辞说：“臣何德何能能够享有这样的荣耀呢？臣不敢与太阳争辉。”因为他的再三推辞。晋元帝也不再勉强。晋元帝深知，他能顺利继承帝位，乃是倚赖王导及其兄弟王敦的支持。因此，他对王氏兄弟格外尊敬，王家的子弟中，很多人都被封了重要官职。当时，民间盛行这样一句话：“王与马，共天下。”意思就是王氏同皇族司马氏共同执掌着东晋王朝的大权。

但王导对东晋皇室忠诚无比，面对其堂兄王敦企图篡权的野心，他坚定地反对和遏制，最终阻止了这一阴谋。王导历仕元帝、明帝、成帝三帝，在明帝驾崩后，他和庾亮共同接受了遗诏，肩负起辅佐幼小的成帝的重任。尽管有人散布谣言试图离间二人的关系，声称庾亮可能举兵反叛。王导却坦然地说：“吾与庾亮休戚与共，悠悠之说，宜绝智者之口。则如庾亮若来，吾便角巾还第，复何惊哉！”这种豁达的态度反映了王导淡泊名利、不计较个人得失的品质。他以其宽容与忍让的胸怀，有效调和了南北士族之间的矛盾，基本上维护了和谐共处的局面，为东晋政权的稳定贡献了重要力量。

古为今用

王导的谦和，并非简单的退让，而是一种高超的政治智慧。这种谦和并非软弱，而是一种智慧与策略，是赢得人心与天下的关键。他深知，在复杂的政治环境中，过于张扬只会引来嫉妒和敌意，而谦和则能赢得他人的尊重和支持。这种谦和的态度，使得王导能够在朝中左右逢源，协调各方势力，为东晋的稳定和发展奠定了基础。

在晋元帝邀请他同坐御座时，他坚决辞谢。这种自知之明，使他在复杂的政治环境中能够游刃有余，赢得皇帝的信任和同僚的尊重。在现代社会中，无论职场还是社交场合，人们同样需要这种自知之明。懂得自己在团队中的角色和责任，既不越俎代庖，也不妄自菲薄，才能更好地融入集体，获得支持与信任。

王导的谦和，使王导能够与各种人建立良好的关系，包括政敌。在现代社会中，这种谦和的人际关系处理方式，同样具有重要意义。

谦和不仅是一种美德，更是一种智慧。在竞争激烈的现代社会中，谦和能让人以柔克刚，化解冲突与矛盾。它像一剂润滑油，让人们在复杂的人际关系中游刃有余。谦和不仅能赢得朋友，更能赢得对手的尊重。

总之，王导以谦和治国，赢得了东晋的安定与繁荣。现代人若能将谦和作为处世哲学，必能在纷繁复杂的社会中，赢得属于自己的一片天地。

海瑞改革为民，改革要以群众福利为出发点

明隆庆三年（1569），海瑞被任命为右佥都御史及钦差总督粮道巡抚应天十府，负责治理现今长江下游两岸的区域，涵盖了南京、苏州、常州等经济繁荣的地区。然而，海瑞上任后发现，当地百姓因承受沉重的赋税及贪官污吏的剥削而生活得极度艰辛。尤其是在遭遇涝灾的年份，冬至时节仍有半数田地深陷水中。粮食价格的飙升导致百姓若不外出乞讨，将面临饿死的困境。

面对这一严峻形势，海瑞审时度势，决定同时推进治水与救灾工作，既着眼于当前的紧急需求，也考虑到长远的利益。经过深入调查，他发现灾害的根源在于连接太湖通往海洋的吴淞江河道淤塞。于是，海瑞召集饥民，利用冬季农闲时节动工，对吴淞江及其支流进行疏浚。同时，他上书请求将部分应上缴的粮食留作救灾之用，从而有效调动了百姓的积极性。

为了切实保障农民的合法权益，海瑞决定整顿当地钱粮赋役。哪怕是曾对海瑞有恩的名臣徐阶，在当地拥有大量的土地，海瑞也并未放松对他的要求。徐阶深知，如果不做出一定的让步，恐怕难以平息民愤，于是他象征性地退还了部分土地。

然而，海瑞认为这还不够。他写信给徐阶，劝说他应该以身作则，退还更多的土地，并同时规劝徐阶的儿子们改正错误。尽管许多在京的官员纷纷出面为已退休的徐阶说情，但海瑞并未动摇。他联合其他官员，最终迫使徐阶退还了二分之一的土地。

为了维护法律的尊严和公正，海瑞还依照法律将徐阶的两个违法的儿子发配充军。这一行动对其他地主产生了强烈的震慑作用，他们纷纷主动退还了多占的土地，从而有效地维护了农民的利益。

海瑞针对江南地区赋税混乱的问题，积极采取措施，减轻了人民的负担。当时，地主阶级往往利用混乱的赋税制度逃避纳税，而农民则被迫承担了过重的赋税负担。海瑞深刻认识到这一问题的本质，并着手进行整治。他组织人力清查土地，简化赋税制度，确保税收公平合理，从而切实减轻了百姓的经济压力。

古为今用

1569 年的江南大地，海瑞面对的不仅是淤塞的吴淞江，更是盘根错节的利益链条。当他决定“以工代赈”疏浚河道时，看似治理水患，实则在构建民生与经济的双重通道——让饥民通过劳动获得生存物资，既解眼前之困，又筑长远之基。这种“救灾 + 基建”的双重逻辑，恰似现代企业的“员工发展基金”，既保障当下福利，又投资未来生产力。

徐阶的土地退还事件，本质是打破“特权经济”的制度革命。海瑞深知，当20%的地主占据80%的资源时，赋税制度就成为剥削工具。这与现代企业的“股权扁平化”改革异曲同工，比如企业通过员工持股计划，让基层员工持有部分股份，不仅破解了“少数人套利”的困局，更让团队战斗力提升。公平的分配机制才是企业最硬核的凝聚力。

吴淞江的淤塞表象下，是生态系统的失衡；企业效率低下的背后，往往是流程的僵化。比如企业建立“员工提案通道”，收到多条流程优化建议，实现生产成本下降。这说明，让一线员工成为“制度疏浚者”，比引进十套管理系统更有效。当企业愿意倾听基层声音，组织的“河道”自然畅通。

海瑞迫使徐阶退还半数土地，不是简单的均贫富，而是重建社会信任。现代企业的“福利生态”建设同样如此，比如公司设立“家庭关怀基金”，员工父母可享受免费体检，子女可获教育补贴，这种“超越工资”的福利设计，让员工离职率下降。背后是朴素的道理：当企业把员工视为“命运共同体”，员工就会把企业当作“精神家园”。

四百年光阴流转，改革的本质从未改变——任何成功的变革，都始于对人的尊重。从海瑞治下的“退还土地”到现代企业的“员工持股”，从古代的“轻徭薄赋”到今天的“弹性福利”，核心逻辑始终是，当组织把群众福利作为改革原点，制度就会产生温度，发展就会拥有可持续的动能。毕竟，任何商业奇迹的背后，都是无数个体的幸福在发光。

商鞅立木为信，信任是改革的根基

某日，推行变法的商鞅于都城南门立木一根，引起民众围观。他高声对众人说："若有人能将此木移至北门，赏以十两黄金。"民众闻言，交头接耳，议论纷纷。有人疑道："此事过于简单，赏金却如此丰厚，莫非其中有诈？"亦有人揣测："莫非是官府设下的圈套，事成之后未必兑现赏金。"因此，尽管赏金诱人，却无人愿上前一试。

见民众疑虑重重，商鞅遂提高赏金至五十两黄金，言："若有壮士能移此木至北门，吾将赠予五十两黄金。"此言一出，民众哗然，议论之声更甚："五十两黄金，此生未见如此多金子，足可安享余生。"然而，仍有人心存疑虑，劝阻欲试者道："切勿轻信，须先观察，天下无此等好事，恐是虚妄之言。"因此，尽管有人心动，但仍无人敢于付诸行动，皆在观望之中。

当时，一位年轻人途经此地，同样是出于好奇，他挤进人群想要探个究竟，并向旁边的人询问正在发生的事情。有人告诉他："只需将那根木头搬到北门，便可获得五十两黄金。"听闻这一消息，年轻人心动不已。五十两金子足以让他建造房屋、购置土地，生活无忧。尽管对此事有些将信将疑，但五十两金子的诱惑实在太大，使他无法抗拒。

于是，他走到商鞅面前，带着些许迟疑地问道："此言当真？"商鞅毫不犹豫地回答："当然，只要你将木头搬到北门，五十两金子便是你的。"话音刚落，年轻人便扛起木头，大步向北门走去。周围的人群出于好奇，纷纷跟随观看，其中有人更是好意提醒道："小伙子，别搬了，小心上当。"然而，年轻人已下定决心，认为即使白白搬运一番也无所谓，毕竟他有的是力气。

不久之后，他顺利抵达北门，将木头放下。商鞅立刻命令手下将赏金呈上，交给了这位年轻人。拿到钱后，年轻人满心欢喜地离开了。秦孝公听闻此事，向商鞅询问："以五十金赏移木之举，是否过厚？"商鞅答曰："陛下欲行变法，必先得民心。民心所向，变法方能成功。今百姓已知陛下诚信，乃可颁布新法。"

古为今用

商鞅通过立木为信这一举动，成功地在百姓心中树立了政府的信誉，为后续的变法奠定了基础。这个故事不仅展示了信任在改革中的重要性，还揭示了一个深刻的道理：信任是变革成功的基石。

在现代社会，信任同样是改革成功的关键因素。改革需要公众的支持和信任。如果缺乏信任，改革措施可能会遭遇阻力，甚至失败。在制定和实施改革措施时，应保持高度的透明度。及时公开相关信息，解释改革的目的和预期效果，可以让公众更好地理解和支持改革。改革措施应公平对待所有利益相关者，避免偏袒和不公。只有当公众感受到改革的公正性时，才会真正支持改革。改革措施的执行应高效、有力，让改革措施得到有效落实，并及时解决实施过程中遇到的问题。

甘茂防患于未然，未雨绸缪

甘茂是一位忠臣名将，秦国武王时期的左丞相。国君秦武王想要先攻打韩国的三川后，最终攻取洛邑。他为了实现秦武王的战略图谋，自告奋勇，提议攻击韩国的宜阳。他对秦武王说："臣愿率领我军为国出征，为秦完成霸业，但请大王允许我以使者的身份到魏国缔结联盟，一同攻打韩国，方便打通去三川的道路。"秦武王听后非常高兴，便任命甘茂为正使、向寿为副使，前往魏国谈和盟攻韩之事。此行非常顺利，秦魏两国达成共同对抗韩国的协议。

此时甘茂却忧心忡忡，他想到，远征宜阳之事如果进展不顺利，就可能会遭到国内臣僚的非难和诽谤。还有平日里对自己心怀恶念的卑鄙小人也会跳出来在秦武王面前作怪，到时自己远离朝堂，无法及时为自己辩护，他想在出征前请求秦武王召见自己。于是，他对即将回去复命的向寿交代说："在告知大王秦魏和盟成功后，务必请大王稍作忍耐暂缓攻击韩国。你把此事办妥帖了，这次出使的全部功劳都归于你。"向寿依照甘茂所说的向秦武王做了汇报。

秦武王对此感到困惑，并在一处叫息壤的地方召见甘茂询问其原因："既然魏已经和我们结盟，为何还不出兵呢？"甘茂慢条斯理地解释说："请您先听我讲一个故事。"秦武王说："请讲。"甘茂说："在鲁国，有一个与曾参同名的人犯下了杀人罪，全国贴了告示抓捕，谣言传到了曾参母亲耳中时，他母亲正在织布，她并不相信这个消息，手还在不停地织布。又过一会儿，另一个人来告诉她说，'你儿子杀人了'。曾母不予理会，继续劳作，但她的织布动作开始变慢，好像若有所思的样子。片刻后第三个人又来说，‘你儿子曾参真的杀了人，并已经逃亡了’。曾母难以平静下来，她当即丢下织布的梭子，马上逃走了。”

讲完这个故事后，甘茂又说：“臣自知无法与曾参这位贤明之人相比，但秦王对臣的信任同样也比不上母亲对儿子的信任。宜阳虽然名义上是小县，但它集韩国上党、南阳两地的财物，其实力堪比一个郡。我军千里迢迢，跋山涉水，去攻打宜阳必然困难重重，攻打下它也是一项艰巨且耗时的任务。如果久攻不下，国内就会有人非议下臣，嫉妒、诋毁臣的人可就不止三个了，我身处异地，难以进行自辩，我担心您会如曾母那般弃我于不顾啊。”

秦武王听了甘茂的这番话感慨道：“你放心前去吧，我不会听信谗言的。”作为国君，他虽然一再表示不会受到流言蜚语的干扰，但为了使甘茂放心，他还特地和甘茂在息壤结下盟誓。甘茂满怀壮志雄心地去攻打宜阳了，果然不出他所料，作战持续半年后仍未能攻下宜阳。秦国朝堂内对甘茂有怨恨的小人，趁机不断地在秦武王面前挑拨离间。秦武王终于经不住这种一而再再而三的谗言，便下令撤兵召回甘茂。甘茂未作辩解，只是提醒秦武王别忘了在息壤缔结的盟誓。秦武王顿时醒悟，而后又增兵驰援甘茂，最终秦军成功攻占了宜阳，这为再度进攻三川打下了基础。

古为今用

甘茂给秦武王讲述曾子杀人的故事，实际上是一种未雨绸缪的智慧策略，旨在预防潜在的风险，并确保计划的成功实施。这个故事的核心在于强调信任的重要性，以及如何应对来自多方的质疑和干扰。在现代社会，无论是个人发展还是企业运营，这一策略依然具有重要的启示意义。

首先，信任是合作的基础。甘茂通过故事提醒秦武王，即使是像曾参这样贤德的人，也会因多次谣言而失去母亲的信任。这说明，在任何合作关系中，信任都是至关重要的。对于现代企业和团队来说，建立和维护信任是确保高效协作的前提。领导者需要通过有效的沟通、一致的行为和可靠的表现来赢得团队成员的信任。

其次，预见风险并制定应对措施。甘茂预见到在攻打宜阳的过程中会遇到各种挑战和质疑，特别是来自内部的不同声音。他提前与秦武王达成共识，通过“息壤之盟”来巩固彼此的信任和支持。这种预见性和准备性在现代管理中同样重要。企业在制定战略时，需要充分考虑可能面临的各种风险，并提前制定应对方案。这样才能在遇到困难时迅速调整，避免计划半途而废。

再次，坚持目标不动摇。甘茂的故事还告诉我们，在实现目标的过程中，可能会遭遇各种干扰和阻力，但只要目标明确、信念坚定，就能够克服困难。现代企业在追求长期发展目标时，也需要具备这种坚持不懈的精神。面对市场变化、竞争压力等外部环境的变化时，企业需要保持战略定力，不断优化调整策略，以实现可持续发展。

最后，有效沟通技巧的重要性。甘茂通过讲故事的方式，巧妙地传达了自己的观点和担忧，从而获得了秦武王的理解和支持。这表明，在处理复杂问题时，有效的沟通技巧至关重要。现代管理者需要学会用简单明了、生动有趣的方式表达自己的想法，以便更好地获得团队成员的支持和配合。

综上所述，甘茂给秦武王讲曾子杀人的故事不仅体现了古代政治家的智慧，也为现代人在做事、处世、维持和发展方面提供了宝贵的借鉴。通过建立信任、预见风险、坚持目标和有效沟通，我们可以在复杂多变的环境中取得成功。

第五章 古人的人生哲学与今人的处世之道

王秀之与人无争的处世之道，以退为进

王秀之，字伯奋，出身于山东临沂的一个显赫家族。

他的祖父王裕，曾任南朝刘宋左光禄大夫，仪同三司。父亲王瓒之，曾任金紫光禄大夫。王裕当官的时候，徐羡之、傅亮是朝中权臣，王裕却不与他们往来。当徐羡之和傅亮因权势过大被皇帝所杀时，王裕由于保持了适度的距离而未受牵连。此后，王裕辞去官职，隐居于吴兴，并告诫其子王瓒之应追求一种与人无争的生活状态。

王瓒之遵循了父亲的教诲，虽然做到了工部尚书这样的官，却始终没有巴结一个朝中权贵。

父祖的影响、家庭的熏陶使王秀之也养成了谦逊与自制，不媚上、不贪利的品格。

南朝刘宋时，王秀之任著作佐郎，太子舍人。当时褚渊担任权威极大的吏部尚书，深受宋明帝的厚爱，百官对他也非常敬佩。每次朝会，公卿官僚以及外国使节无不对他延首目送。褚渊看到王秀之气度优雅，神情秀逸，很喜欢他，便有意使王秀之成为自己的女婿，以期结成政治联姻。吏部尚书在当时专管官吏的考核、奖惩、提拔，权力很大。做吏部尚书的女婿是一般人求之不得的事。但恪守家教的王秀之，却未应允此门亲事，因而长期仅居微职。

后来，王秀之做了太子洗马，桂阳王刘休范想征召他任司空从事中郎。时逢明帝刚刚驾崩，作为皇族长辈的刘休范，本有志于角逐辅政之位，然而终究未能如愿。心怀不满的刘休范开始在辖地内招募勇士、强化军备，且积极招揽人才，图谋不轨。敏锐的王秀之洞悉了刘休范的叛乱图谋，预见到其必将发难，以有病在身为由，婉拒其征召，从而避免了卷入其中。

刘宋末年，王秀之担任晋平太守之职。晋平是个富饶之地，在这里当官的人可以轻松获利。然而，王秀之仅在此职位上短暂任职一年后，便主动向朝廷请辞，表示自己已获得足够的俸禄，不应长期占据此职，阻碍国家吸纳其他贤士，因此，他被人称为“恐富求归”的太守。南朝萧齐时，王秀之担任太子中庶子，吏部郎，又出任义兴太守，迁职为侍中祭酒，后来又转任都官尚书。在其任尚书期间，尽管顶头上司为王俭，王秀之也始终与其保持了适度的距离，不与王俭来往过密。

古为今用

我们从王秀之以退为进的哲学中可以学到，竞争是不可避免的，但如何竞争却大有学问。通过“不争”的态度，我们可以减少不必要的冲突和矛盾，专注于自己的目标和长远发展。这种策略不仅能够帮助我们在激烈的竞争中保持冷静和理智，还能够让我们在合作中寻求共赢，从而实现更持久的成功。

此外，“与人无争”还意味着要有广阔的视野和包容的心态。在全球化的今天，我们需要与来自不同文化背景的人合作共事。保持开放和包容的态度，尊重他人的观点和价值观，可以帮助我们更好地融入多元化的环境，拓展人脉和资源。

总之，在竞争中保持谦逊和礼让，避免不必要的争执与冲突，在合作中寻求共赢，在多元化的环境中保持开放和包容。这样的处世哲学不仅有助于个人的事业发展，也有助于构建和谐的社会关系。通过实践这一哲学，我们可以在维持与发展中找到平衡，实现个人和社会的共同进步。

羊续悬鱼拒礼，慎独自律

东汉时期，一位名叫羊续的人就任南阳郡太守。南阳不仅是光武帝刘秀的诞生地，也有一眼望不到头的肥沃农田，人们在这里过着比较富足的生活。然而，在这富足之地，奢靡之风却在悄然滋生。郡、县等各级政府机构中请客送礼、托关系办事、讲究排场以及攀比吃喝之风颇盛。新任职务的羊续对此感到极度不满。但是，他知道要纠正一郡之风，自己必须以身作则。

因此，他决心以自己的行动来净化社会风气。他不仅要求自己生活朴素，更是坚决反对一切形式的奢靡行为。后来在他的带动下，南阳郡的社会风气焕然一新，人们开始追求真正的高尚品行。

当时，郡中的郡丞听说羊续爱吃鱼，有一天，他精心挑选了几条又肥又新鲜的鱼，前来拜访羊续。

他向羊续解释说，这些鱼是他在空闲时间，亲手从白河中钓捞而得，并不是他花钱买来的，也不是向别人要来的。接着他又向羊续介绍南阳的风土人情，称赞白河鲤鱼美味无比。他又说，这条鱼绝非送礼，而是出于同僚之间的情谊，让新到南阳的羊续品味当地的美味，从而更加了解南阳、热爱南阳。羊续深感郡丞的情意浓浓，尽管心领神会，他依旧坚定地表示不能接受这份礼物。郡丞无论如何不肯再把鱼拿回去。他说要是太守一定不肯收，就是不愿意同他共事了。在郡丞的一再坚持下，羊续感到难以回绝这番好意，于是收下了这些鱼。郡丞离开之后，羊续沉思片刻，然后指示家人用麻绳把鱼绑紧，并将其悬挂在自己的屋檐之下。

又过了一段时间，郡丞又来家里拜望羊续，此次他提着一条比先前更大、更鲜活的鱼。羊续一看很不高兴。他正色质问郡丞：“你在南阳郡是除了太守以外地位最高的长官了，你怎么能一而再再而三地送礼给我呢？”面对羊续的质问，郡丞轻轻摇头，似乎要辩解些什么，但羊续已经迅速命人从房檐取下上次那些鱼，并对郡丞说：“你看，上次的鱼还在这里，要不你就一块儿拿回去吧？”郡丞一看，上次那些鱼因风干而变得硬邦邦的了，顿时羞愧之情涌上心头，很不好意思地离开了太守的家。从此，南阳府上下再也没有人敢给羊太守送礼了。

这件事情很快就传开了，南阳的百姓非常高兴，纷纷赞扬新来的太守。有人还给羊续起了一个“悬鱼太守”的雅号。

古为今用

羊续悬鱼的故事，不仅是对古代清廉官员的赞颂，也为现代人在做事和处世中提供了重要的启示。在现代社会，我们面临着各种诱惑和挑战，如何保持原则和底线，是每个人都需要思考的问题。羊续通过将鱼悬挂于柱子上，不仅拒绝了贿赂，更是一种对权力的自我约束和对廉洁自律的公开承诺。这种行动传递了一个明确的信号：权力不是用来谋取私利的。

在现代做事和处世中，我们可以从羊续的故事中学到几点：首先，要有清晰的价值观和原则。正如羊续“悬鱼”一样，我们需要明确自己的底线在哪里，并坚守它。其次，要勇于公开承诺和展示自己的立场。在现代社会，透明度和诚信是赢得信任的关键。最后，要有自我约束的能力。面对诱惑时，能够像羊续那样“拒礼”，保持清醒和自律。

这个故事也启示我们，在个人发展和社会进步中，廉洁自律是基础。只有每个人都能像羊续那样“悬鱼”，社会才能健康发展。同时，这也提醒我们在追求发展的同时，不能忽视道德和法律的约束。只有这样，我们才能在维持个人品德和社会秩序的同时，实现持续和谐的发展。羊续的故事，不仅是历史的遗产，也是现代人在复杂世界中导航的灯塔。

一身正气、两袖清风的林则徐，有原则、有勇气、有担当

1820 年，林则徐被任命为江南道监察御史，负责巡视江南地区。有一天，林则徐视察澎湖群岛，当地一位自称为“花农”的人向林则徐献上一株玫瑰，并提议林则徐更换一个更大的花盆。林则徐听了这位自称为“花农”的话后，又看花农的表情有些诡异，知道他另有图谋，于是一脚踢翻了花盆，被踢翻的花盆里出现了一个红包。林则徐打开一看，内有一只重达半斤的金老鼠和一纸信笺，笺上这样写着：“林大人亲收，张保敬献。”看到如此贵重的金老鼠，林则徐不为所动，而是当场将其没收并上缴了国库。

1839 年，林则徐被派往广州查禁鸦片。有一天，英国商务代表义律请林则徐参加自己举办的宴会，两人一见面，义律就将一个精致的方盒作为见面礼赠予林则徐，并对林则徐说：“请林大人笑纳，一个小小见面礼。”林则徐接过来打开一看，就在大红色的软缎衬垫上看到一套制作精美的昂贵鸦片烟具，白金制成的烟管，秋鱼骨制的烟嘴，钻石制成的烟斗，在它的旁边还有一盏巧雅孔明灯和一支金簪，简直是光彩夺目，这一套鸦片烟具起码值 10 万英镑。一般人见到这个见面礼都会心动不已，然而，林则徐却说：“义律先生，本部堂此次来广州是奉皇上旨意肃清烟毒的。义律先生的这套烟具属于违禁品，按理应予没收。但鉴于两国之间的友好交往，我认为您更应将其带回贵国，或许存放在您的皇家博物馆中会更为恰当。”这番话让义律陷入了尴尬境地，令他无地自容，他只得收回了这些

礼品。

然而，林则徐在虎门销烟后，受到他人诬陷，被朝廷下令贬至新疆伊犁，那时，林则徐虽然为官多年，却廉洁奉公，从未有过俸禄之外的分文收入，致使个人积蓄甚微。他为准备西行所必需的费用，不得不出售家宅。当时，有位钦佩他的富人自愿捐资两万两，林则徐却坚持不收。后来，对方答应收下房契，林则徐方才勉强接受了这笔迫切所需的银两。经过四个多月的艰难跋涉，林则徐才到达伊犁，在这漫长的途中，他克服了艰苦恶劣的环境，食用俭朴，常常仅以稀粥来充饥。尽管林则徐被贬至伊犁这样的苦寒之地，在伊犁的两年内，他也将心血奉献于当地的农业和水利事业，不仅亲自劳动，更将自己节约下来的官俸捐献出去。

林则徐在跌宕起伏的官场生涯中，面对权力、金钱的诱惑，始终保持着清正廉洁的品格。在内忧外患交织的时代，这不仅是其个人美德的体现，也是他对于各种诱惑坚决说“不”的勇气所在。

历史上抵御诱惑的人屡见不鲜，以虎门销烟而闻名中外的林则徐深谙拒绝诱惑的道理。林则徐之所以可以成为历史英雄，就是因为他做到了“欲正人，先正己”。他为官数十载，一直奉行廉洁之风，从不收受贿赂，因此受人敬仰。在人生的道路中遇到挫折是难免的，人生之路充满着变数与未知，我们唯有坚守正义，才能勇敢地迈好每一步。当面临诸多诱惑时，必须勇敢地说“不”，勇于拒绝，稍有犹豫就可能使我们误入歧途。

古为今用

林则徐的故事，像是一面镜子，映照出现代人在面对诱惑时应有的态度和行为。

首先，“欲正人，先正己”。林则徐不仅要求别人廉洁自律，自己更是以身作则，从不收受贿赂。在今天，无论是企业高管还是普通职员，都应该严于律己，公正无私，这样才能赢得他人的尊重和信任。

其次，面对诱惑，要勇敢地说“不”。林则徐在面对英国人赠送的昂贵鸦片烟具时，没有丝毫犹豫，坚决拒绝。这种勇气和决断力，在现代社会同样重要。无论是面对金钱的诱惑，还是权力的诱惑，我们都应该坚守原则，不为所动。

最后，即使身处逆境，也要保持正直和清廉。林则徐被贬至新疆后，依然坚持自己的原则，不接受不义之财。在现代社会，我们可能会遇到各种困难和挑战，但只要我们坚守原则，就能保持内心的平静和坚定。

这样，我们才能赢得他人的尊重，实现自我价值。同时，这种精神也能激励我们勇敢面对挑战，不断前进，做一个有原则、有勇气、有担当的人。

孔子的中庸之道：过犹不及，适可而止

古人云："恩不可过，过施则不继，不继则怨生；情不可密，密交则难久，中断则疏薄之嫌。"

这句话的意思是，施恩不可以过重，因为过多的施舍是不能长久持续的，如果中断施舍对方很容易产生怨恨；交情不可太过密切，因为密切的交往是很难保持长久的，如果密切的交往中断，就让人有了疏远冷淡的嫌疑。这句话让我们明白，任何事情都不能过了头，而如何能做到中庸是一门博大精深的学问。

一次，子贡在跟师父孔子谈论师兄弟的性格优劣时，提出了一个问题："先生，请问子张与子夏两人相比，谁更好些呢？"

子张是颛孙师，子夏是卜商，他们都是孔子的得意弟子。

孔子沉思了片刻说："子张过头了，子夏没有达到标准。"

子贡接着说："是不是子张要好些呢？"

孔子说："过头了与没有达到标准是一样的，都是没有把握好'度'的表现。"

有一天，孔子和弟子们在鲁桓公的庙堂里看到一个器物，它特别容易倾斜翻倒。孔子围着这个器物左右打量，还试图转动它，却始终不清楚它究竟是干什么用的，于是就问守庙的人："这是什么器物，是做什么用的？"

守庙的人说："这大概是放在座位右边的器物。"

孔子恍然大悟，拍着脑门说："我听说过这种器物。它里边不装任何东西时就倾斜，装上适中东西时就会保持得端端正正，装满了东西就会翻倒。君王把这种器物当作自己最好的警戒物，所以会放在自己座位的旁边。”

孔子又对弟子说：“把水倒进这个器物里面，我们做一下实验。”

子路很快将水端来了，慢慢地将水注入器物里。刚倒一点儿水时，它还是歪歪扭扭的倾斜状；倒了适量的水后，它就保持正立了；水装满后，松开手它又翻倒，多余的水都洒了出来。孔子慨叹说：“哎呀！我明白了，天底下哪有装满了却永远不倒的东西呢？！”

子路走到孔子面前，说：“天底下有保持满而不倒的办法吗？”

孔子解释道：“如果聪明睿智，就用愚笨来调节；如果功盖天下，就用退让来调节；如果威猛无比，就用怯弱来调节；如果富甲四海，就用谦恭来调节。这就是损抑过分，达到适中状态的方法。”

子路听后若有所思，又追问道：“古代的帝王在座位旁边放置这种器物，目的是时常令自己警醒，除了这种方法，帝王们还有别的措施防止自己的行为过火吗？”

孔子侃侃而谈道：“有老百姓就有统治老百姓的帝王，有国君就有辅佐他的人，以便辅佐的人教导、保护国君，不让国君做过分的事。因此，天子有公，诸侯有卿，卿设置侧室之官，大夫有副手，士人有朋友，平民、工、商，乃至干杂役的皂隶、放牛马的牧童，通通有相关的人来辅佐。有功劳就要得到奖赏，有错误就要纠正，有患难就要救援，有过失就要更改。自天子以下，人有父兄子弟，来帮助他规避错误。太史记载史事，编写史书，乐师创作诗歌，乐工诵读箴谏，大夫规劝开导，士传话，平民提建议，商人在市场上议论，各种工匠呈献各自的技艺。身份各异的人用不同的方式进行劝谏，从而使国君不至于欺压老百姓。”

子路仍然锲而不舍地问：“先生，您能举几个国君的例子吗？”

孔子回答道：“没问题，卫武公就是个典型例子。他九十五岁时，还下令说：‘从卿以下的各级官吏，只要是拿着国家的俸禄、正担任官职的，要时常训诫、开导我，不至于让我做出错事，不利于国家的发展。我乘车时，在旁边的辅佐人员可以规劝我；我在朝堂上时，应让我多看前代的典章制度；我伏案工作时，可以用座右铭来提醒我；我休息时，左右侍从应告诫我；我处理政务时，应有瞽、史之类的人开导我；我闲居无事时，可以让我多听百工的讽谏。’卫武公时常用这些话来警策自己，防止自己的言行走极端。”

众弟子听后都露出了喜悦之色。他们从孔子的话中领悟了一个深刻的道理：人在任何情况下都要调节自己，使自己的一言一行合乎标准，不过分，也不要达不到标准。

古为今用

我们经常面临各种各样的挑战和机遇。如何在这样的环境中保持平衡，实现个人和社会的发展，是每个人都需要思考的问题。孔子的话为我们提供了一种思路，即通过调节自己的行为和态度，以达到一种适中的状态，从而实现个人和社会的和谐发展。

首先，我们要认识到自己的优点和不足。每个人都有自己的长处和短处，关键是要学会扬长避短。当我们在某个方面表现出色时，不要过于骄傲自满，而是要用其他方面的不足来平衡自己。

其次，我们要学会适度。无论是工作还是生活，都要做到适可而止，避免过度。过度地工作会导致身心疲惫，过度地娱乐会使人沉迷其中，失去自我。因此，我们要学会在工作和生活之间找到一个平衡点，既能充分发挥自己的能力，又能保持身心健康。

最后，我们要有逻辑性。在处理问题时，要有条理、有顺序，不能盲目行事。要有合理的规划和安排，才能使事情顺利进行。

总之，我们要学会调节自己的行为和态度，以达到一种适中的状态。这样不仅能帮助我们更好地应对生活中的挑战，还能促进个人和社会的发展。

孙叔敖泰然处世：淡泊明志，沉浮自如

孙叔敖乃是一名隐士，后被人推荐给楚庄王，没多久做了令尹（宰相）。他善于教化引导人们，在他的辅佐下楚国国泰民安，呈现出一片祥和景象。

一天，有位隐士特意登门拜访孙叔敖，问他："尊贵的人往往有三怨，你知道有哪三怨吗？"孙叔敖回问："您说的三怨是指什么呢？"隐士说："爵位高的人，会招来他人的嫉妒；身居要职的人，君王可能会讨厌他；俸禄高的人，会招来怨恨。"

孙叔敖笑着说："爵位越高，心胸越要谦卑；官职越大，欲望就要越小；俸禄越高，给别人的施舍就会越多。我用这样的办法来避免三怨，您认为可以吗？"

隐士对他的回答很满意，随后就走了。

孙叔敖是这样说的，也是这样做的，虽然避免了不少麻烦，但仕途也异常艰难，他曾几次被免职，又几次被复职。隐士对此很不理解，于是问他："你曾三次担任令尹，也没有感到荣耀；你又三次离开令尹之位，也没有为此忧伤不已。我对此很好奇，现在看你的心态又是如此不急不躁，你有什么过人之处，你的想法是怎样的呢？"

孙叔敖回答说："我没有什么过人之处！我认为官职爵禄的到来是不可推却的，离开也要顺其自然。得与失都不取决于自己，因此才没有觉得荣耀或忧愁。我也不知道官职爵禄会落在谁的身上。落在别人身上，我就不应该有，与我无关；落在我身上，那么别人就不应该有，与别人无关。我的做法是随顺自然，万事随缘，哪里有时间患得患失呢！”隐士对他的一番话很是钦佩。

孙叔敖后来身患重疾，临终前对他儿子说：“楚王因为我劳苦功高，多次想封赏我土地，我都拒绝了。我死后，楚王为奖赏我生前贡献，必将赐予你土地，但是你一定不要接纳肥沃的土地。在楚国和越国两国交界处，有个地方叫‘寝丘’。这个地方土地贫瘠，地名不吉。楚国人信奉鬼神，越国人讲求吉祥，因此楚人与越人都会避而远之，因此该地可长久拥有。”

孙叔敖病逝后，楚王确实要赐给他儿子一块上等的土地，却被孙叔敖的儿子婉拒了，仅请求得到寝丘，楚王答应了他的请求。根据楚国法律，封地不得继承，只有孙叔敖儿子所得封地得到了世袭。

古为今用

在现代社会中，物质诱惑无处不在，很容易让人迷失方向。我们要学会抵制这些诱惑，坚持自己的理想和信念，不为金钱、名利所动。只有这样，我们才能保持清醒的头脑，作出正确的判断和选择。

如今的竞争激烈，压力巨大，很容易让人感到焦虑和不安。我们要学会调整自己的心态，面对困难和挫折时，要保持冷静和从容，不被外界环境所影响。只有这样，我们才能在逆境中保持坚定，不断前进。

面对人生的起伏跌宕，我们当如古之贤者般修炼“不以物喜，不以己悲”的超然心境。顺境时，要如范蠡泛舟五湖，懂得“功成身退天之道”的智慧；发达时，当效郭子仪权倾朝野仍能“位极人臣而众不嫉”，以谦逊化解猜忌。逆境中，苏轼“一蓑烟雨任平生”的豁达堪称典范，王阳明龙场悟道更印证了“事上磨炼”的修行真谛。真正的智者明白，顺境是检验心性的试金石，逆境是淬炼品格的熔炉。这种从容不迫的心态，恰如太极推手，在刚柔并济中化解危机，于动静相宜间成就伟业。

马月芳巧助纪晓岚：三人行，必有我师

一天，纪晓岚被乾隆皇帝召见，要求为科场撰写一幅有三重含义的匾文，纪晓岚当即应诺，随口拟出几句，乾隆听后都不满意。纪晓岚只好接着搜肠刮肚地思索，但是始终没有想到一个令皇上满意的匾文。面对挑剔的皇上，他急得满头大汗。

乾隆见一向对答如流的风流才子，今日也有江郎才尽的时候，坐在那里偷笑，却故作怒色说道："好吧，你先回去，朕命你思考一日，明日再答复，若不堪任用，朕要将你贬为庶民。"这可把这位恃才傲物的河间才子吓了一跳。他忧心忡忡地回到家中，一头扎进书房里，不辞劳苦，翻阅大量书籍，寻找灵感，力图创作出能体现深厚文化内涵和满足皇帝要求的匾词。他苦思冥想写了几十条匾词，但仔细审视，却没有一条满意的。向来以才高八斗、学富五车著称的纪晓岚，今日绞尽脑汁，却想不出一条好的匾文，他急得茶饭不思。

子夜已到，他仍在书房中写作。纪晓岚的妻子马月芳见他没有吃晚饭，定有什么忧愁之事，几次打发丫鬟过来探望，都回说老爷愁容满面，焦躁异常。马月芳推测必有重大之事，遂命人备好餐食，亲自携至书房以探询原因。

纪晓岚叹息着向妻子阐述了今日遭遇的难题。然而，马月芳听后竟忍不住笑出声来，这令纪晓岚感到恼怒，认为妻子不仅无助于解决问题，反而取笑于他的困境。察觉到丈夫的误解，马月芳解释说："你真是聪明一世，糊涂一时，现成之语，为何不用呢？'天子

重英豪’这一句，岂不是恰切无比吗？”

听到这番话，纪晓岚顿时喜形于色，恍然大悟，自嘲地轻拍自己的额头，感慨道：“唉，我尚且不如一位裙衩啊！”随后，两人相视一笑，纪晓岚才意识到自己饥肠辘辘，连忙狼吞虎咽地吃下夫人送过来的晚饭，然后一觉酣睡到天明。

第二天，纪晓岚在朝堂上，满怀自信地将“天子重英豪”一句献予乾隆，乾隆果然大喜。原来这是人们熟知的一首诗中的句子，诗云：天子重英豪，文章教尔曹。万般皆下品，唯有读书高。用了这头一句，下面这三句之意，自然就联想起来了。皇上所限之意，也尽在其中了。

当被问及如何想出此句时，纪晓岚向皇帝详细解释了前夜夫人马月芳的提示。皇上听着有趣，便接着说道：“你的学识出众，勤于学习且善于提问，得益于众多的师友。然而，今天我才知道，你竟然是夫人马氏一门生啊！”皇上说完哈哈大笑。纪晓岚听后羞愧难当，但他很快正色回答道：“古人云，圣人无常师。道之所存，师之所存也！”乾隆听后，忙说：“说得好，说得好，道之所存，师之所存也！”

一代风流才子纪晓岚苦苦思索也想不出来的匾文，其夫人马月芳却毫不费力气地想到了，一句“天子重英豪”，妥帖确切，深得乾隆皇帝的赞赏。

古为今用

马月芳巧解纪晓岚难题的故事充分体现了“三人行，必有我师焉”的道理，即每个人都有值得我们学习的地方。

无论是工作还是日常生活中，我们都能从身边的人那里学到知识和经验。“三人行，必有我师”提醒我们要保持谦逊的态度，善于观察和学习他人身上的优点。

在做事方面，我们应该学会倾听和采纳不同的意见。每个人都有自己的专长和视角，通过与他人的交流和合作，我们可以得到新的启发，提高解决问题的能力。正如马月芳面对难题时的机智，我们在面对挑战时也应该保持灵活的思维和开放的心态。

在处世方面，我们要尊重每一个人，认识到每个人都有其独特价值。通过与不同的人交往，我们可以学到如何更好地与人沟通、如何处理人际关系。在现代社会，团队合作至关重要，而团队成员间的互相学习与尊重是维系和发展团队精神的基石。

在维持和发展个人与集体的关系时，我们也需要不断地学习和进步。无论是在工作中还是在私人生活中，不断地向他人学习，吸收新知识，不仅能够丰富自己的内涵，也能够帮助我们更好地适应变化，应对挑战。通过学习，我们可以成为更好的自己，同时也为社会贡献自己的力量。

在生活的各个方面，我们都应该保持一颗学习的心，不断从他人身上汲取智慧，促进自我成长和社会进步。

霍去病屡立奇功，胜而不骄

汉武帝和大将军卫青莅临现场观摩比武。三通鼓响之后，一个身材魁梧的武术教头跃上擂台，自我介绍说："我是武术教头，我姓刘，希望和各路英雄好汉较量一下！"接着台下一连几个年轻的小伙子上台和刘教头比武，但全都被他击败了。

刘教头不禁开始得意起来，挑衅地说："怎么样，还有谁不服，上来一决高下！"话音刚落，突然看到人群中一个身着黑衫的人跳上擂台，说道："你休要猖狂，看看我的本领再说也不迟！"说着，他猛地向刘教头挥出拳去。两人刚刚交手三四个回合，黑衫人大喊一声："嘿！"一个鱼跃腾空，飞起一脚把刘教头击倒。黑衫人立即扶起刘教头说："前辈，得罪了，我无意冒犯！"顿时，台下爆发出阵阵欢呼声。接下来比试马术和射箭，黑衫人同样表现出色，力压群雄，赢得了场内观众的满堂喝彩。

汉武帝看黑衫人身手如此不凡，越看越喜欢，不住地对身旁的卫青夸奖这个黑衫人。比试完毕，汉武帝亲自会见了比武的壮士，他指着那个黑衫人说："这位壮士，为何不抬起头？"黑衫人伏在地上说："小人不敢抬头！"汉武帝不解，问道："为什么呢？"他说："小人犯了欺君之罪。"汉武帝说："你尽管抬头，朕赦免你就是。""谢皇上。"说着，黑衫人撕去粘在脸上的假胡子，露出一张稚气未脱的娃娃脸——"啊！原来是霍去病！"大家都吃了一惊。霍去病赶忙向汉武帝表明自己要求从军的原因。对于这位年轻壮士的雄心壮志和爱国热情，汉武帝给予了高度的赞扬，并正式批准了他的从军请求，同时对他寄托了殷切的期望。因此，年仅十七岁的霍去病便随卫青将军踏上了前往边疆的征程，共同抵御匈奴的入侵。

有一次，将领们一起探讨下一步的作战计划，霍去病提出了一项胆大的策略：深入敌后，打他个措手不及。这一提议得到了刘教头的支持，他在边疆地区有着丰富的经验并表示愿为先锋。因此，卫青将军决定拨给霍去病 800 名精锐轻骑兵迂回前进，准备前后夹攻，一举歼灭敌人。经过三天三夜的急行，他们跨越了险峻的山谷，却不料进入了一片沙漠。霍去病问："刘教头，这是怎么回事？"刘教头不语，此时，一队匈奴骑兵突然出现。霍去病大喊："冲啊！杀了匈奴兵！"此时天空飘来一片乌云，顷刻间狂风大作，天昏地暗。风沙过后，匈奴骑兵早已不知去向。霍去病大喊："糟了，我们只顾恋战，误中奸计，陷入了沙漠，这该如何是好？"刘教头双手一摊，说："小将军，我也无计可施，烈日炎炎，缺水少粮，大家的斗志都被消磨光了。"

这时，刘教头突然翻身上马，从马身上取出一只暗藏的羊皮水袋，拧开羊皮水袋的盖子，一仰脖子，咕咚咕咚连喝了数口，喝完大喊道："汉军兄弟们，我认识路，快跟我走，要喝水活命的就跟我去投奔匈奴单于！"霍去病大吃一惊："啊，原来他是匈奴的奸细。"于是他飞身上马去追刘教头，刘教头边跑边喊："你们就要没命啦，快投降吧！""哼，你这个无耻的卖国贼！"霍去病拉弓搭箭，瞄准刘教头的后背，嗖的一声，刘教头立时被射下马来。霍去病从他身上搜出一张沙漠地图和一封密信，信上写道：诱敌深入，将汉军困在沙漠，再使计招降或全歼之。霍去病心想："好毒辣的阴谋！"他随即命令部队迅速调整方向，朝西南方前进。通过这次英明的决策，霍去病率领的汉军成功地从敌后发起进攻，对匈奴军队实施了致命的打击，最终大获全胜。从此，霍去病便威名远扬。

经过多年连续的战争，霍去病统军先后击破匈奴数十万之众，因其功勋卓越，被赐封为骠骑将军。在长安，汉武帝特地为其营建了一座豪华府邸，但霍去病却推辞说：“陛下，在完全平定匈奴之前，我无颜安家立宅，这府邸臣不能领受！”

古为今用

霍去病“胜而不骄”的态度和行为显示了他超脱物质享受、专注于事业的高尚品质。这种精神在现代社会同样适用，在取得成就后，不应沉溺于短暂的成功和物质回报，而应保持谦逊和专注，继续追求长远的目标。

在现代职场中，霍去病的这种态度可以被理解为一种职业素养。当个人或团队取得一定的成绩时，很容易产生自满情绪，从而影响进一步的发展。然而，正如霍去病所展现的，真正的卓越来自持续的努力和对更高目标的追求。这种态度能够帮助个人或团队在竞争激烈的环境中保持领先，不断进步。

霍去病的行为也体现了责任感和使命感。他将个人的荣誉和享受置于国家和民族的大义之后，这种精神在现代社会中同样重要。无论是在工作中还是生活中，我们都应该将集体的利益放在个人利益之前，这样不仅能够促进团队的和谐与合作，还能够推动社会的整体进步。

第六章 改变思路与奇思妙想

魏徵正言直谏，忠言逆耳利于行

在中国历史上，能言善谏的能臣志士不少，他们或旁征博引，或以古讽今，或借事喻人，在劝谏君王的策略上从来不直来直去，然而唐代的魏徵却是“异类”，他以直言劝谏而闻名。魏徵是唐朝初期著名的政治家、思想家和文学家，他辅佐唐太宗十七年，以“犯颜直谏”而闻名。

魏徵在任期间，始终秉持“君臣同心，为治国之要”的主旨。“上不信，则无以使下；下不信，则无以事上”“兼听则明，偏信则暗”这两句广为流传的名言就是他在辅佐唐太宗时期说的。作为大臣的魏徵始终严格要求唐太宗，只要唐太宗稍有懈怠和不对，他就直言不讳地指出来。

长孙皇后去世后，太宗非常思念她，于是在贞观十年（636）十一月，太宗下令在禁苑中建了一座高层望楼，用以眺望安葬长孙皇后的昭陵。

一次他带领魏徵一同登上望楼，让魏徵眺望。魏徵仔细看了许久说道：“圣上请恕老臣老眼昏花，实在是看不见什么。”

太宗急切地指给他看，魏徵却说：“臣以为陛下在眺望献陵（唐高祖的陵寝），如果是昭陵，那我早就看见了。”唐太宗为此拆毁望楼。

没过几个月，在贞观十一年（637）正月，刚拆完望楼，唐太宗又下令营建洛阳飞山宫。魏徵直谏上书说：“前朝隋炀帝依仗着国力富强，不考虑后患，穷奢极欲，致使百姓贫困不堪，以致灭亡，可谓殷鉴不远。思我大唐能够问鼎中原、取得天下的原因，皆是撤去了隋炀帝高大的殿堂宫宇，安居于比较低矮简陋的宫室。如果陛下要在原来的基础上又增修扩建，承袭旧殿却又大加装饰，必然给百姓带来负担，这分明是劳民伤财、以乱伐乱，必将招致祸乱的发生。得江山难，失江山易，请陛下三思啊！”唐太宗听后，深以为然，立即宣布停工。

魏徵的直谏脾性被唐太宗摸得一清二楚，那些魏徵不支持的事情，只能偷偷做。

有一次，唐太宗得到一只品质上好的鹞鹰，非常喜欢，就连准备上朝的时候，都将它置于臂膀上戏耍。这时，远远望见魏徵走过来，唐太宗连忙将鹞鹰藏在怀里。魏徵假装没看到，却进奏朝政大事很久都不停下来，唐太宗又不方便当面拿出鹞鹰来，最后鹞鹰竟闷死在太宗怀里。一位封建帝王竟受臣下的如此约束，这在中国历史上实在是少见。

魏徵之所以敢严格要求唐太宗，直言诤谏，是因为他“无欲则刚”，一生俭约，两袖清风。他所有谏言没有一件是为了自己的私利，全是为了大唐江山和天下百姓，理直则气壮，即使如帝王的唐太宗也得对这样一位近似圣人的忠臣格外尊重，对于谏言不得不听，不得不服。

魏徵的廉洁是始终如一的。早在青年时代魏徵就不治家产，官至宰相后，仍然保持节俭朴素的作风。贞观十七年（643）正月，魏徵病重之时，唐太宗亲自到其住处看望。魏徵家的房没有正厅，太宗看后大为感动，为了抚恤魏徵，下令停止给自己兴建的小殿，把材料用来替魏徵修建正厅。

魏徵去世后，唐太宗痛失栋梁之臣，为表哀悼，他让九品以上文武官员都去吊丧。魏徵夫人说：“魏徵平时生活俭朴，如今用一品官的礼仪安葬，这并不是死者的愿望。”全都推辞不受，仅用布罩在车上载着棺材安葬。生时节俭，连死后哀荣都不受，这样纯粹无私的魏徵，使禁苑西楼上的唐太宗泪流不止。

对于魏徵唐太宗也说过一段名言，他说：“以铜为镜，可以正衣冠；以古为镜，可以知兴替；以人为镜，可以明得失。魏徵去了，我这面明得失的镜子也就没有了，我怎么不悲伤呢？”

作为谏臣，和优孟、东方朔等人充满机智的纳谏方式不同，魏徵是直言进谏，甚至是犯颜进谏，然而唐太宗却十分听从。其中一个重要的原因就是魏徵本身严格要求自己，能够以身作则，具有很高的道德修养和人格魅力，说起话来自然就要有分量得多。

古为今用

魏徵正言直谏，与唐太宗的虚心纳谏充分体现了，“忠言逆耳利于行”，虽然直言可能让人不舒服，却是促进个人成长和事业发展的关键。

在现代社会，我们面临着各种挑战和决策。在做事和处世中，我们需要听取不同的声音，包括那些可能让我们不舒服的忠言。这些逆耳之言往往能揭示问题的本质，促使我们反思和改进。逆耳忠言虽然难以接受，但却是个人成长和事业发展的良药。

在现实中，许多人往往更愿意听顺耳的话，对逆耳忠言抱有排斥心理。这种心态容易导致骄傲自满，阻碍个人的进步和发展。因此，我们需要培养胸怀和勇气，积极吸纳正确的观点和主张，不被甜言蜜语所蒙蔽。

在维持与发展的过程中，我们应以魏徵为榜样，勇于接受和提出忠言。这样，我们才能不断进步，避免陷入困境。同时，我们也要善于表达忠言，使其更容易被接受，发挥其应有的作用。“忠言逆耳利于行”，这是一种智慧，也是一种勇气。让我们在生活和工作中，都能以开放的心态，倾听和吸纳逆耳忠言，促进个人的成长和社会的发展。

邹忌讽齐王纳谏，反思与倾听

有一天，邹忌早上起来准备上朝。当他洗漱后照镜子时，看到镜中自己身材修长、容貌俊美、衣冠楚楚，颇有点儿扬扬自得。

他边照镜子边问妻子：“你说城北的徐公和我比，谁更美呀？“正在帮邹忌整理衣冠的妻子不假思索地回答：“当然是夫君你美了，徐公怎么比得上你？”

听了妻子的回答，邹忌有点儿不信。因为徐公是远近闻名的美男子，自己怎么反而会比徐公美呢？

不自信的邹忌又拿这个问题问他的小妾。只听他的小妾说：“徐公怎么比得上您呢？”

连续得到同样的回答，邹忌还不罢休。于是，趁着有客人来访时，又问客人。哪承想客人和他的妻、妾回答如出一辙：“徐公当然不如您美。”听到这话，邹忌飘飘然起来，然而打脸来得也很快。

恰巧第二天徐公来访，邹忌仔细看着徐公，又照着镜子看自己反复对比，怎么看也是徐公比自己美。

不过这没有引起邹忌的妒忌或者自卑，反而引发了他的深思：明明徐公比我美，可是吾妻、吾妾与到访吾府的客人却都说自己比徐公美，这是什么原因呢？

经过一番苦思冥想，于人情世故的思考中，邹忌得出了结论：妻子说自己更美，那是因为偏爱他；妾说他更美，那是因为惧怕他；而来访的客人说他美，则是有求于他啊。

邹忌上朝去见齐威王，对他讲了自己这段亲身经历和体会后，说："今齐地方千里，百二十城，宫妇左右，莫不私王；朝廷之臣，莫不畏王；四境之内，莫不有求于王。由我的经历推及开来，您受的蒙蔽太深了。"

俗话说，响鼓不用重锤，这齐威王听罢邹忌的话，内心也是很受震撼。于是说干就干，下令全国："群臣吏民如果有当面揭发批评我的过错的人受上赏；如果通过上书揭发批评我的过错的，就受中赏；如果能在大庭广众中揭发批评我的过错的，只要被我听到的，可以受下赏。"

这道求谏令刚一颁布，群臣纷纷进谏。多好的国君啊，挑他错处，都能得到奖励。于是，一时间，朝堂外门庭若市；几个月之后还有偶尔来提意见的；一年之后，即使想提意见也没的说了。原来这些意见都被齐威王采纳，被邹忌这个国相一一落实了，国家海内生平，政治清明，百姓安居乐业，又哪来那么多意见可提呢？！

齐国也因此很快强大起来，燕、赵、韩、魏各国都到齐国来朝见齐王。

古为今用

"邹忌讽齐王纳谏"的故事，不仅是古代政治智慧的体现，也为现代人提供了深刻的反思与倾听的范例。

在现代社会，无论是个人发展还是组织管理，都需要具备这种防患未然的意识。个人在追求目标时，应时刻反思自己的行为和决策是否客观公正，是否被个人情感或利益所左右。同时，也要学会倾听不同的声音，包括批评和建议，这样才能更全面地认识问题，作出更合理的决策。

组织管理中，领导者需要像齐王一样，鼓励下属提出真实的意见和反馈，而不是只听顺耳的话。这样不仅能及时发现和解决问题，还能增强团队的凝聚力和创新能力。正如故事中齐王最终采纳邹忌的建议，广开言路，使得齐国政治更加清明，国家更强盛。

总之，无论是个人还是组织，都应该学会反思与倾听。通过不断地自我审视和开放地接受外界的意见，我们可以更好地认识自己，改进不足，从而在维持与发展中取得更好的成效。从古至今，这种智慧都是我们做事、处世的重要原则。

惠施劝谏，灵活变通

在魏惠王去世时，即将继位的储君襄王以太子的身份主持丧礼。不料在即将按规定日期下葬的时候，突降大雪，积雪深厚，高三四尺，国都大梁的内城和外城都有不少地方损坏了。

惠王的陵墓早就选在北部山区，此时送葬，队伍要经过狭窄陡峭的栈道，且道路积雪如此深厚，队伍所经之路途十分危险。

见此情形，大臣们纷纷向太子建议不妨推迟下葬的日期，他们说："这么大的雪，如果按期下葬，必定劳民伤财，损失太大，国家恐怕也担负不了这样的开支，应改期为好。"

然而，对于大臣们的劝谏，太子不予采纳，坚持原定的计划，不做改期。

太子认为，自己这个做儿子的，必须谨守传统礼仪，恪尽孝道，不能因为雪大和费用而破坏原有的规制礼仪，这样做是不符合传统和孝道的。

当时魏国的相国是公孙衍，这个人在魏国很有威望。魏惠王去世下葬的事情，他也在想办法说服太子更改葬期，但是一直也没一个好办法。

众大臣看到连公孙相国都没有把握能说服太子，只能死马当活马医了，抱着最后一试的侥幸心理，去请惠施出来劝说太子。

惠施在魏国也是一位很有威望的人。他之前是相国，履历也很辉煌，曾随同魏惠王出使过齐国，使魏、齐互尊为王，回国后担任过魏相。

大臣们来到惠施的家里后，向他转达了公孙衍的意见，请惠施劝太子不要固执己见，使举国百姓遭受损害。惠施于是爽快地接受了大家的请求。

惠施出面了，他走入内宫，首先向太子致哀，然后惠施以悲痛与无限关注的口吻询问太子说：“下葬的日子定了吗？”

“定了！”太子以沉重的语气回答惠施。

听到太子的回答，果然如众大臣所料，安葬日期没有更改。这时，惠施停止哀痛的神情，然后提到因为大雪导致交通不便，询问太子是否决定了延期出殡的日子。

太子听了询问后很不高兴，表示坚决不会改变葬期。惠施并不直接反驳，而是故作惊讶地说：“那怎么可以，这样做是大大的不孝啊！”太子一听，忙问惠施是什么道理。

惠施接着慨叹地说：“过去周文王把父亲季历安葬在楚山脚下，不料，栾水冲刷了墓地，使棺柩的前头露了出来，大家都很惊慌。文王知道后，说：‘噢！先君是想再见一见群臣百姓吧？因此让河水将棺木显露出来。’于是将棺木起出放在朝廷上，让群臣百姓都来谒见，三天后又重新埋葬。这是文王的孝义之道啊。”

“文王真是一位有头脑、有办法的人物啊！”太子赞佩地说。

惠施随即进入正题说道：“现在先君葬期已近，而雪下得这么大，阻断了交通，先君一定是想稍稍滞留，以便安抚国家和百姓，请太子改变葬期以全先王顾念国家百姓之心。因实际情况而改变葬期，这是周文王认为的孝义，像这样的孝义先例不遵循，还有什么孝道可以谈论的呢？”

太子并未反驳，而是陷入沉思。没过一会儿，连连点头说：“好，好！我一定领会先生的意愿，推迟下葬，等雪化后，再重新选定日期。”

就这样，太子听了惠施的话，终于答应延迟葬期。

古为今用

惠施劝谏太子更改葬期的故事，体现了他的智慧和对形势的精准把握。在现代，这种灵活变通依然是一种重要的处世哲学和做事方法。

首先，灵活变通意味着能够根据实际情况调整策略和计划。正如惠施根据天气变化，及时提出更改葬期的建议，我们在面对变化时，也应能迅速调整策略，以适应新情况。

其次，灵活变通有助于化解矛盾和冲突。惠施的建议避免了因天气恶劣导致的潜在风险，我们在处理问题时，也应学会从不同角度思考，寻找双方都能接受的解决方案。

最后，灵活变通是维持与发展的关键。惠施的建议不仅解决了眼前的问题，也为魏国的稳定和发展创造了条件。在现代社会，无论是企业还是个人，都需要不断适应变化，灵活调整，才能在激烈的竞争中生存和发展。

触龙说赵太后，以小博大

公元前266年正是战国时期，这一年赵国的赵惠文王去世，其子赵孝成王继位，由于他年纪尚幼，因此国家大事由赵太后，即赵孝成王的母亲赵威后辅政。然而，赵国在政权交替之际，国内并不稳定。

赵太后刚刚掌握国家大权，强大的秦国就将赵国作为自己的攻击目标。公元前265年，秦国趁赵国政权交替、国内动荡之际，大举进攻赵国，并占领了赵国的三座城市。

赵国的形势变得非常危急，且自知实力不能和秦国抗衡，因此赵太后向齐国请求援助。齐国表示可以出兵援救，但以防出现变故，要求赵国必须派赵太后的幼子长安君到齐国作人质。

赵太后对长安君十分溺爱，自然不肯答应。大臣们强行进谏，但赵太后明确表示，如果再有人提出让长安君去齐国作人质的事，她将当面吐那人一脸唾沫。

当时有一位叫作触龙的左师官，为了国家的安危着想，便对太后侍臣说，希望拜见太后。赵太后也知道他来的目的，便气冲冲地等着他。触龙走入殿内就慢慢地走着小步，到了太后面前道歉说："老臣的脚有毛病，不能快跑，很长时间没能来拜见您了。我私下原谅了自己，但是又怕太后的贵体有什么不适，所以想来看望您。"

太后说："我也是脚有毛病全靠坐车走动。"触龙说："您每天的饮食还好吧？"太后说："就喝点儿粥罢了，身体并无大碍。"触龙说："老臣近来特别不想吃东西，还是勉强散散步，每天走三四里，稍微增加了点儿食欲，身体也舒适些了。”太后说：“我做不到像您那样。”

经过触龙这一番嘘寒问暖，太后放下了戒备，脸色稍微和缓了些，触龙马上抓住时机，慢慢地进入正题，说道：“臣有一子名叫舒祺，年岁最小，老臣对他十分疼爱，可他偏偏不争气，不成器得很。现在我年岁已大，为了他的将来考虑，我希望他能充当一名卫士，来担负保卫皇宫的职责。所以，老臣我冒死来向您禀告，还望太后您能够成全一个老父亲的爱子之心。”太后答道：“当然可以，不知他年龄几何？”触龙答道：“十五岁了。虽然还小，不过我却希望在我离开人世前把他托付给您。”

看到触龙对小儿子如此用心，太后不解地问道：“难道你们堂堂男子汉也如此疼爱自己的小儿子吗？”

触龙答道：“其实男人爱儿子比女人还要真切。”听到触龙的回答，赵太后却表示不同意他的观点，说道：“我觉得还是女人在这方面比较突出。”

听到赵太后的回答，触龙没有继续这个话题，而是转移谈话的重心，继续说道：“我认为太后您疼爱燕后（赵太后的女儿，嫁至燕国成为王后，故称燕后）远远超过了疼爱长安君。”

太后道：“您说错了，其实我最疼爱的还是长安君，这一点燕后无论如何也比不上。”触龙言道：“天下的父母若是对自己的子女疼爱，就会为他们的将来考虑得长远些。”

见太后没有反对，触龙继续说道：“想当初燕后出嫁的时候，您万分地不舍，拉着她的脚后跟不想让她走，再回想起来，真是催人泪下。燕后远嫁，您纵然十分想念她，却还是会在祭祀时为她祈福，希望她在燕国能够顺遂无忧。您为燕后做的这些，不正是为她做了长远利益的考虑吗？不正是希望她能够生儿育女，有后代能相继为燕王吗？”听了触龙一席话，赵太后不禁感叹道：“正是这样啊。”

注意在这段对话中，触龙表示理解赵太后对长安君深深的爱护，接着提出，父母对子女的爱，应该为他们做长远的打算。

这时触龙进一步说道：“从现在的赵王上推三代，直到初建赵国时，这些年间有许多受封为侯的人，但是盘点一下，他们的子孙能够继承父业的人，还有几位？”

赵太后想了想不禁感叹道：“几乎没有啊。”

触龙又问：“那太后您再把这个范围扩大一下，想想其他的诸侯各国，那些被封侯拜相的人，他们的子孙，还有承袭祖上恩德的吗？”

赵太后略思考一番，然后慢慢摇了摇头说道：“我还真没听说过。”见太后对自己的问题有所思考，触龙接着说道：“这就是了，祸患来得早一点儿呢，灾难就会降临到自己头上，祸患来得晚一点儿呢，灾难就会累及子孙。难道说只要是诸侯之子就一定难成大业吗？”

听罢这话，太后摇摇头，看向触龙。

触龙接着这个话头往下说：“太后圣明，当然知道诸侯之子不是一定难成大业，而是因为这些子弟虽然地位尊贵，却于国家社稷毫无寸功。没有功绩却享受着优厚的待遇和至高无上的权力，德不配位，难免就会引起世人的不满，而您现在不也正在犯这样一个错误吗？”

一听这话，太后有些惊愕。触龙直视太后：“难道不是吗？您一直以来都非常疼爱长安君，不仅给他尊贵地位，还给他很多封地，他所享有的富贵已无可匹敌，如果您还不趁现在使他有功于国，那么试想在您百年之后，长安君又凭什么在赵国立身呢，又凭什么享有您给予的权力富贵呢？这么看来，我觉得您为长安君考虑得还是太短浅了，所以才会觉得您爱燕后超过了爱长安君呀！”

在这段对话中，触龙通过比较赵太后对长安君和燕后的态度，指出赵太后对长安君的溺爱可能对他的未来造成不利影响。触龙的话深深打动了赵太后，使她意识到自己的做法可能对长安君的未来造成危害。赵太后终于想通了，说道："好吧，任凭您指派他吧。"于是便命人准备上百辆车子，送他到齐国去作人质，齐国也马上兑现了诺言出兵援助。

就这样，在触龙的说服下，赵太后最终同意让长安君出质于齐，换取齐国的救兵，以解除国家的危难。触龙以国家利益为重，善于做思想工作的才能在这件事上得到了充分的体现。

古为今用

赵太后虽拥有至高无上的权力，但在亲情与政治间仍需寻求平衡，这反映了权力并非万能的，智慧与谋略才是解决问题的关键。在现代社会，我们同样面临各种困境与挑战，需要以小博大的智慧去应对。

在做事处世中，我们应学习触龙的策略，用智慧和谋略去解决问题。面对困难时，不应盲目硬碰硬，而应像触龙那样，用巧妙的方式去说服和影响他人。同时，我们也要认识到，权力并非解决问题的唯一途径，真正的智慧在于认清自己，把握住人生的真谛。

在维持与发展方面，赵太后的故事告诉我们，过于依赖权力会导致孤立无援。在现代社会，我们应注重团队合作，寻求共赢，这样才能实现长远发展。同时，我们也要善于从历史中汲取智慧，将古代的智慧与现代的实践相结合，以更好地应对现代社会的挑战。

保持一颗平常心，找到平衡点，只有认清自己，把握住人生的真谛，我们才能在现代社会中以小博大，坚守处世原则，同时推动其与时俱进。

诸葛亮七擒孟获，心服才是服

三国时期，刘备逝世后，诸葛亮肩负重任，辅佐刘禅顺利登基，历史上称为蜀汉后主。

当时，益州郡的豪强雍闿，在得知刘备逝世后，便擅自行动，杀害了益州太守并引发了叛乱。他既寻求了东吴的支持，又试图与南中地区豪强孟获建立联系，指示孟获联络西南的多个部族，共同反抗蜀汉的统治。

在雍闿的鼓动之下，太守朱褒以及越巂王高定元亦纷纷表示支持。因此，蜀汉的领土几乎折损了一半，这无疑是一个极为严峻的局面，自然令蜀汉朝廷倍感焦虑。

然而，当时蜀汉正值猇亭大战失利与先主刘备逝世之际，国家尚未从动荡中恢复，无暇他顾。面对此种局势，诸葛亮审时度势，采取了双重策略：一方面，他派遣使者与东吴进行和平谈判，试图修复两国关系；另一方面，他着力推动国内生产，大兴水利建设，积极储备粮食，并加强军事训练，以备不时之需。经过两年的努力，蜀汉国力逐渐恢复，局势渐趋稳定。在此基础上，诸葛亮果断决策，发兵南征，以图实现国家的统一与繁荣。

公元 225 年，诸葛亮统率大军启程。参军马谡，即诸葛亮挚友马良之胞弟，亲自送别诸葛亮出城，伴随其行进了数十里之远。

在告别的时刻，诸葛亮紧握着马谡的手，询问道：“我们共同度过了许多个春秋。如今，在即将分别之际，不知您是否有高见或良策愿与我分享？”

马谡陈述道：“南中之地，民众倚仗地利之便，且地处偏远，与都城相隔甚远，长期以来已显露出不服从管理的迹象。即使我军以强大兵力征服之，亦难以保证日后不会再生事端。据我所闻，用兵之道，攻心为上，攻城为下。丞相此次南征，务必使南中民众心悦诚服，方可达到一劳永逸之效果。”

马谡之言辞，深得诸葛亮之心，令诸葛亮频频颔首，表达由衷之感激。

诸葛亮统率蜀军南征，连战皆捷，势如破竹。大军尚未抵达目的地，越巂部族内部已发生纷争，高定元之部下竟弑杀雍闿。蜀军趁势进军越巂，终将高定元斩于阵前，南征之役取得全面胜利。

经过精心策划与组织，诸葛亮派遣李恢、马忠两位得力将领，兵分两路展开攻势。在短短不到半个月内，马忠将军成功攻克牂柯，迅速消灭了当地的叛军势力。凭借两位将领的英勇作战和精确策略，四个郡的叛乱迅速得到平定，有效地维护了地区的稳定与安全。然而，事情尚未结束。南中地区的酋长孟获已经集结了雍闿的溃散士兵，持续对蜀军进行抗争。经过深入了解，诸葛亮得知孟获不仅在战场上勇猛无比，而且在南中地区的各族民众中具有极高的声望和影响力。

诸葛亮深思熟虑后，决定采纳马谡的建议，力图将孟获争取至我方。为此，他颁布了一项严谨而明确的指令：务必活捉孟获，并确保其生命安全，不得有任何伤害行为。

诸葛亮深谙兵法之道，善于运用智谋克敌制胜。在与孟获军队交锋之际，他巧妙地布置了战术，使蜀军主动后撤，以引诱孟获追击。孟获自恃兵力雄厚，贸然追击，却不幸陷入了蜀军的埋伏之中。蜀军乘势发动猛攻，南兵顿时陷入混乱，四处溃散。最终，孟获本人也被蜀军成功活捉。

孟获被押送至大营，心中惴惴不安，料想此番定难逃一死。然而，出乎意料的是，一进入大营，诸葛亮便立刻下令为他解缚，并以平和之语劝诱其投降。然孟获心高气傲，对此并不买账，他振振有词地说道：“我因一时疏忽，方陷入尔等之诡计，岂可轻易令人信服？”

诸葛亮并未强求，而是选择陪同孟获一同巡视大营外围。他们骑着马，观察了蜀军的营垒和整体布局。随后，诸葛亮向孟获提问：“依你之见，我军的人马状况如何？”

孟获傲慢地说：“昔日吾未明贵军虚实，故遭挫败。今蒙赐再战之机，观此阵势，亦无甚难处。欲胜之，非难事也。”

诸葛亮闻之，朗声而笑，回应道：“既然如此，孟将军何不回去精心筹划，再度交锋？”

孟获在被释放后，返回其部落，重整军队，再次对蜀军发起攻击。然而，他缺乏智谋，无法与诸葛亮的智谋相抗衡，最终再次被擒获。诸葛亮在孟获未表示臣服的情况下，再次选择释放他。这种捉放策略，在持续多次后，终于在第七次有了改变。

经过连续七次的捉放，孟获再次落入诸葛亮之手。此次诸葛亮仍决定释放他。然而，孟获却拒绝再次离去。他眼中闪烁着泪花，声音哽咽:“丞相您七次擒我七次放我，这份深情厚谊我孟获铭记在心。从心底里，我对您的智慧和仁心深感敬佩。从今往后，我孟获再也不敢与您为敌，我愿意归顺。”

此外，孟获返回后，成功说服了其他部落，使他们全部选择投降，从而使得南中地区再次回归蜀汉的统治之下。

古为今用

诸葛亮通过七次擒获孟获，最终使孟获心悦诚服，这体现了一个核心理念:“心服才是服”。在现代社会，无论是管理团队还是处理人际关系，这一理念都具有重要的启示意义。

在管理中，要让团队成员“心服”，领导者需要展现出卓越的能力和公正的态度。正如诸葛亮所展现的智慧和策略，领导者必须通过实际行动赢得团队的信任和尊重。单纯的权威压迫只能带来表面的服从，而无法获得团队成员内心的认同和忠诚。

在人际交往中，“心服才是服”意味着要通过沟通和理解来解决问题。诸葛亮没有简单地通过武力征服孟获，而是通过智慧和耐心，最终赢得了孟获的真心归顺。在现代社会，无论是商业谈判还是日常交流，通过理解和尊重对方，寻求共识，往往比强硬的态度更能获得对方的认同。

在维持与发展关系中，“心服才是服”强调了长期合作的重要性。诸葛亮的七擒七纵，不仅是对孟获的征服，更是对其心志的磨炼和转变。在现代社会，无论是企业合作还是个人关系，都需要耐心和智慧去培养和维护，使之成为长期稳定的伙伴关系。

只有赢得他人的心服，才能真正实现有效的管理与和谐的人际关系。这需要我们展现出能力、公正、耐心和智慧，从而在各种关系中实现长期的维持与发展。

晏子巧谏齐景公，旁敲侧击

晏子，名婴，字仲平，是春秋后期齐国的上大夫，历任齐灵公、齐庄公、齐景公三朝的卿相，辅政长达50余年。

在半个世纪的朝堂生涯中，他以卓越的政治远见、外交才能和朴素的作风而闻名诸侯。晏子头脑机敏，能言善辩，善于辞令。一桩平凡的小事，一席普通的交谈，聪明的晏子都能抓住机会，巧妙地劝谏景公，减免刑罚，这使许多人免除了痛苦和不幸！

齐景公在位期间，为游玩观赏，就特别喜欢修建亭台楼阁；为图新奇和开心，就喜欢穿戴华贵奇异的服饰；为彰显豪奢，就喜欢通宵达旦地饮酒作乐。

晏子则生活简朴，清心寡欲。吃的是粗茶淡饭，穿的是粗麻布衣，住的是简陋的屋子。做景公的宰相时，更是用俭朴的生活约束自己，以劝谏景公。景公多次给他封赏，都被他拒绝了。对这样的晏子，景公也很尊重他，不忍心让他过着平民一样艰苦清贫的生活。

有一次，景公琢磨给晏子改善一下居住环境，于是便趁晏子出使晋国不在家的机会，给他建了新房子。

谁知晏子一回来，就把这所新宅毁掉，而把因给他建新宅拆毁的住宅重新修筑起来，都修成它们原来的样子，让原来居住的人仍旧住回去。景公知道后很生气，觉得自己一腔热情泼在冰面上，便说："你不愿打扰百姓、邻居，可以，那么请你在宫内建一所住房行吗？是我这个国君舍不得你，想和你朝夕相处，这总可以了吧？"

晏子一听，急了，说：“古人说，受宠信就更要知道收敛自己。您这样做虽然是想亲近我，我却会整天诚惶诚恐。我一个臣子怎么能这样做呢？那只会使我与您疏远。”

景公无法强求，只好退一步说：“你的房子靠近闹市，本就低矮潮湿狭窄，加之整天吵吵闹闹，风过时尘土飞扬，这个环境，你作为一国之相是不能居住的。我给你换一个干燥清爽、安静一点儿的地方总行吧？”

哪知，齐景公好话说到这个份儿上，晏子也不接受，他连忙辞谢，说：“我的祖先就是世世代代住在这里的，能继承这份遗产，我就已经很满足了，而且这地方靠近街市，早晚出去都能买到我所要的东西，倒也方便，实在不敢再烦扰乡邻再建房子。”

景公听了，笑着打听：“靠近街市，那你一定知道东西的贵贱，生意的行情！”

“当然知道。百姓的喜怒哀怨，街市货物的走俏滞销，我都很熟悉。”晏子自信满满地回复道。

景公觉得颇为有趣，堂堂卿相，竟然对市井俚俗了然于心，于是随口问道：“你知道现在市场上什么东西贵？什么东西贱？”

那时候，齐景公喜怒无常，滥施刑罚，对犯人常用的刑罚是把脚砍下来，因而市场上有专门卖假脚的。晏子有心趁机劝谏景公，便说：“据我所知，近一段时间假脚的行情看涨，而鞋店的生意却不怎么好，鞋子卖不出去了。”

听闻晏子的回答，景公马上收敛起笑容，知道晏子是在讽刺自己滥用刑罚，齐国的老百姓很多人受刖刑，被砍掉了双脚。只见他的脸色非常严肃，再不作声。这件事对齐景公的触动很大，没过多久，他便下令减免刖刑这类刑罚。

还有一次，一个人因为一件小事惹怒了齐景公，他便命令武士将这个人绑起来，还要把他剐成肉块，此时在气头上的齐景公，谁劝也听不进去。

这时，晏子急忙走过去，左手抓住这个人的头发，右手拿着武士递过来的刀，作出同仇敌忾的样子，抬头问殿上的齐景公说：“让我来替大王行刑吧！只是，大王快告诉我，古代贤明的君主肢解人，该从哪里下刀呢？”

齐景公听了，马上从座位上走下来说：“你把这人放了吧，事情的过错在我。”

晏子凭借机智的头脑，对齐景公的劝谏不止这一两回，还有一次，晏子凭借幽默机智的逻辑，让齐景公不得不放弃刑罚。

齐景公有一匹非常喜欢的马，可是，有一天这匹马却生病死了。齐景公悲伤之余也非常生气，无处发火的他命人拿刀欲把养马的马夫用肢解的酷刑处死。

晏子急忙走上前去，对景公说：“从古时尧舜以来肢解人的刑罚，是从什么人开始的？”

齐景公惊恐地回答说：“从寡人开始的。”于是便不肢解养马人了。景公说：“把他投进牢狱。”

晏子说：“这样做他不知自己犯了什么罪便死了，请让我替国君来列举他的罪状，使他明白自己犯的罪，然后再送他进监狱。”

景公说：“行。”

晏子走近马夫说：“你犯了三条罪，该杀。你为国君养马，却不精心饲养，把马养死了，该当死罪，这是其一；你让国君因为马生病死了而不得不杀了你这个养马的人，你又犯了死罪，这是其二；你让国君因马生病死了而杀掉养马人的事，传遍其他诸侯各国，必然会让国君蒙受重马轻人的坏名声，这罪也该死，此乃其三。你犯此三罪，现在应把你送到监狱。”

听完晏子的话，景公忙说：“先放了他吧！不要让我落个不仁的罪名。”

古为今用

晏子巧谏齐景公的这种旁敲侧击的沟通方式充满了智慧。在做事和处世中，直接的批评往往会引起对方的抵触和反感，而通过比喻、故事等方式间接表达，更容易让人接受。这不仅有助于维护人际关系的和谐，也有利于问题的解决和个人的发展。

在景公要杀养马夫的故事中，晏子面对愤怒的齐景公，没有直接劝阻，而是采取了一种巧妙的方式。他假装要替景公行刑，然后故意询问肢解人的正确方法。这种反问的方式，实际上是在提醒景公反思自己的行为。景公意识到自己的错误，最终释放了马夫。这个故事告诉我们，在处理冲突和矛盾时，直接的对抗往往不是最佳选择。通过巧妙的引导和反问，让对方意识到自己的问题，往往能取得更好的效果。

无论是在工作还是生活中，学会用恰当的方式表达自己的观点和建议，既能避免不必要的冲突，又能有效地解决问题。同时，在处理冲突时，要善于引导对方反思，而不是直接对抗。这样既能维护人际关系的和谐，也有利于问题的解决和个人的发展。

诸葛亮妙计出庄，反客为主

诸葛亮年少时，投于水镜先生司马徽门下，习文问道。当时，与之同窗者有十余人。历经三载后，水镜先生对众弟子宣告：“五日之后，我将对你们进行考校。能通过者，即为出师，不合格者，则自行离去，此后不得再称我的弟子。”

此言一出，众弟子都感到特别紧张，日夜苦读，当然期望能通过考校。然而，诸葛亮却与众不同，他在水镜庄外闲庭信步，逍遥自得，似乎成竹在胸，无忧无虑。

第五天到了。清晨的时候，水镜先生端坐于大堂之上，面对众弟子，庄重地宣布：“今日我将出一道考题，以检验你们的学问与智慧。自此刻起，直至午时三刻，谁能获得我的许可，离开水镜庄，谁便算是真正出师了。”

此言一出，弟子们皆感到惊愕，面露难色。他们抓耳挠腮，试图寻找出师的机会，却又不得要领。有人高声呼喊：“庄外失火！”又有人谎称：“大水已漫至水镜庄！”试图以紧急情况为由求得放行，但水镜先生不为所动。

徐庶急返宿舍，草拟一封伪造家书，随后含泪呈给水镜先生，声称：“今晨忽接家书，言及老母病势沉重。因此，我无心应试，恳请先生准我速归故里。”水镜先生闻言，摇摇头，回道：“时至午时三刻，你便可自行离去。”

庞统接着上前禀道：“得到先生允许从庄里出去，我是没办法了。然而，若身处庄外，我或有办法设法入内。敢问先生，可否容我至庄外一试？”

水镜先生仍旧不为所动，微笑回应道：“庞统，汝无须施展诡计。请至一旁静候。”

诸葛亮早已伏案而眠，鼾声震天，搅得大家不得安宁。水镜先生对此极为不满，若在往常，早已将其逐出门外。但考虑到今日情况特殊，只能暂且忍耐。

随着午时三刻的临近，诸葛亮醒来，面带怒色，举止粗鲁，直接闯入堂上。他紧紧抓住水镜先生的衣襟，愤怒地斥责道：“先生所出之题过于刁钻，实在令人难以忍受。我决定退出师门，请速退还我三年学费！”

水镜先生，为天下所敬仰之名士，其尊贵无人不知，无人不晓。然今日，目睹诸葛亮竟以如此无礼之态相待，先生不禁气得浑身颤抖，急忙召唤庞统、徐庶上前，生气地说：“速将此不知好歹之小儿逐出水镜庄，吾不愿再见他！”

谁知诸葛亮还拗着不走，庞统、徐庶死拉硬拽，才把他拉了出去。一出水镜庄，诸葛亮立即发出了爽朗的笑声。庞统与徐庶二人对此感到困惑，遂向诸葛亮询问发笑的原因。然而，诸葛亮并未直接回答，而是随手捡起路边的一根柴棒，转身迅速返回水镜庄。他对水镜先生恭敬地说：“方才因考试之需，不得已对恩师有所冲撞，弟子愿受重罚。”

水镜先生恍然大悟，怒气渐消，转而面露喜色，对诸葛亮说道：“你已然具备出师的条件，可以离开此地了。”

诸葛亮恭敬地回道：“庞统与徐

庶两位同门亦已离开水镜庄，他们亦应获得出师的资格。敬请先生给予恩准，允许他们一同出师。”

水镜先生听后，对诸葛亮的表现感到由衷的高兴。心想，诸葛亮不仅才智出众，而且拥有宽广的胸怀，是可造之材，日后必将成大器。因此，水镜先生毫不犹豫地答应了诸葛亮的请求。

据传闻，水镜先生真正承认的弟子，仅有诸葛亮、庞统和徐庶三人，这也进一步证明了诸葛亮的才华与潜力。

古为今用

这个故事展现了诸葛亮的聪明才智和对策略的深刻理解。在面对水镜先生出的考题时，其他弟子都陷入了传统的思维模式，试图通过常规手段解决问题，而诸葛亮则采取了一种反客为主的策略，通过假装愤怒，迫使水镜先生作出反应，从而得到了离开水镜庄的机会。这一行为不仅体现了他的机智，也展示了他对规则的灵活运用和对人性的深刻洞察。

在竞争激烈的环境中，我们需要像诸葛亮一样，不仅要掌握扎实的知识和技能，更要具备创新思维和应变能力。面对问题时，我们不应局限于常规解决方案，而应敢于打破常规，寻找新的思路和方法。正如故事中的诸葛亮一样，他没有被题目所束缚，而是通过制造冲突，引导水镜先生作出决定，最终达到目的。

我们应当学会在保持稳定的同时寻求创新，不断适应变化的环境。诸葛亮的策略不仅使他自己成功出师，还帮助了他的同伴。在团队合作中，我们不仅要关注个人的成长和发展，也要考虑到团队的整体利益，通过协作和互助实现共同的目标。

无论是个人发展还是团队合作，都需要具备灵活的思维和策略运用能力。通过反客为主，我们可以更好地应对挑战，实现目标，并在发展中取得成功。

第七章 扬名天下，制胜策略

王湛借痴成名，扮猪吃虎

王湛，西晋开国元勋王浑之胞弟，素以沉静寡言、深邃内敛著称。时人因其外表的痴钝，往往误以为其愚笨，故以“痴”闻名于世。

在王湛的父亲死后，王浑及其子嗣对王湛的态度变得极为冷漠，甚至不屑一顾。面对这种境遇，王湛选择了一种远离尘嚣、寻求内心宁静的方式，他在父亲的墓旁搭建了一间简陋的茅屋，作为自己的居所，并沉潜自我，不与世俗为伍。

王济，是王浑之子，当时的名士。然而，对于其叔王湛，他并未以叔侄之礼相待。每逢祭祖，他总是径自前往，径自离去，未曾踏入叔叔的居所。王湛虽知其来，亦不刻意亲近，仅在偶尔相遇时，以淡然之辞略作寒暄。

一日，王济在扫墓之余，临时起意前往拜访叔叔，并向其询问近况。王湛不仅思维敏捷、对答如流，而且语调优美动听，令人印象深刻。

王济深感意外，遂与王湛深入探讨天下大势。王湛言辞犀利，分析透彻，鞭辟入里，令人叹服。

王济自幼耳闻众人皆称其叔父痴愚。今日得见叔父畅谈天下大事，举止间透露出深邃智慧，令人肃然起敬。王济因此心生敬意，决定亲近叔父，与其进行深入交流。遂迁居叔父简陋茅屋，以酒会友，共叙天下事。经连日长谈，王济深感叔父见识非凡，既惊又喜。居留多日，自觉与叔父相去甚远，不禁慨叹：“吾家藏龙卧虎，竟三十载无人识。”

王湛在侄儿王济临行之际，亲自送至门口。其间，王济提及自己带来的一匹难以驯服的烈马，试图借此试探叔叔的骑术。他恭敬地向王湛询问道："叔父亦通晓骑术否？"

王湛谦虚地说："略知一二。"随后，他接过烈马的缰绳，敏捷地翻身上马，展现出卓越的控马技巧。不仅如此，他的骑马姿态亦优雅至极，其技艺甚至超越了诸多知名骑士。王济目睹此景，对叔叔的多才多艺及深厚底蕴深感敬佩。

王济归家后，王浑以疑惑之色问道："汝何以耽搁多日？"

王济回答说："儿子今天才得到一个叔叔。"

王浑心中生疑，遂向王济询问其中缘由。王济遂详尽阐述，对王湛的才情赞不绝口，盛赞其为当世名士。王浑心中不服，质疑道："难道他的才情能与我相提并论吗？"

王济委婉地表示："比我自己强多了。"

晋武帝司马炎亦知悉王湛素有痴名，故每每与王济相聚时，辄以之为戏，戏谑而言曰："你家那位被世人称为痴叔的亲戚，是否已经辞世？"王济闻之，每每无以应对。

王济此次入宫，司马炎如常戏谑道："王济，你家那位被世人称为痴叔的亲戚，是否已经辞世？"

王济心怀壮志，胆识过人，他慷慨陈词道："我的叔叔并非痴愚之人，实乃一位享有盛名的士人。"随后，他详尽地叙述了自己与王湛的交谈内容，盛赞叔叔的卓越才艺和高尚品德。

司马炎稍显惊讶，遂询问道："你叔叔的能力与何人相当？"

王济答道："山涛之下，魏舒以上。"

王湛自此摆脱痴愚之名，以卓越才华扬名天下，其后更是出任汝南内史一职。

古为今用

王湛借痴成名的故事体现了一种"扮猪吃虎"的策略，即通过表面的愚笨来掩盖真实的能力，等待合适的时机再展现自己的才华。

在竞争激烈的环境中，过于张扬自己的能力可能会引起不必要的注意和对抗。通过"扮猪"，即保持低调，可以避免成为众矢之的，减少外界的压力和干扰，为自己积累实力和等待机会创造条件。

在处理复杂的人际关系时，"扮猪"也是一种有效的手段。通过表现出一定的依赖和求助，可以降低他人的戒备心理，更容易获得他人的帮助和支持。同时，这也有助于建立良好的人际关系，为未来的合作和发展打下基础。

然而，在维持与发展的过程中，"扮猪"并不是长久之计。正如王湛最终显露真才实学一样，我们也需要在合适的时机展现自己的能力和价值。这不仅是对自己努力的肯定，也是获得他人认可和尊重的关键。只有将"扮猪"与"吃虎"结合起来，才能在现代社会中取得成功。

通过表面的愚笨来掩盖真实的能力，可以在一定程度上减少外界的压力和干扰，为自己积累实力和等待机会创造条件。但在关键时刻，我们也需要勇敢地展现自己的才华和价值，以获得他人的认可和尊重。

楚庄王糊涂得人心，顾全大局

春秋时期，楚庄王经过数年不懈努力，终于平定内乱，国家重归安定。为了表彰功臣，庆祝胜利，他在宫中设宴款待群臣，共同分享这一辉煌成果。

庄王兴致很高，对群臣说："自此次战事爆发以来，已有近六年时光未曾鸣鼓欢庆。今日，我们已成功平定奸臣之乱，实乃国家之大幸。为此，朕决定举办盛大宴会，邀请朝中所有文武官员共同参与，共同欢庆此胜利时刻。"随后，庄王与满朝文武、宠姬妃嫔共度欢乐时光，歌声与笑语响彻宫廷。酒宴之上，伴随着轻柔的歌声与曼妙的舞姿，美酒佳肴令人陶醉，众人觥筹交错，不觉已是黄昏时分。夜色渐深，但庄王仍觉意犹未尽，遂命人点燃蜡烛，继续欢庆。同时，庄王亦召唤自己最宠爱的妾室许姬前来，为文武百官敬酒，更为此盛宴增添欢乐气氛。

在许姬为宾客敬酒的过程中，宴会厅内突然刮起了一阵猛烈的风，导致所有的蜡烛瞬间熄灭。在这黑暗的瞬间，许姬感觉到有一只手轻轻地扯住了她的手，她心中大惊，立刻用力挣脱。在混乱之中，她成功地扯下了那人帽子上的缨带。待风停烛亮之后，许姬回到楚庄王的身边，她以极低的声音，附在楚庄王的耳边，向他报告了刚才发生的无礼行为："方才在黑暗中，有人对我进行了不适当的接触。我已扯下他的帽缨作为证据，恳请大王能为我主持公道，严惩此等无礼之徒。"

楚庄王在听完许姬之言后，立刻对正准备点燃蜡烛的侍从示意暂停，随后以沉稳而威严的口吻对在场众人宣告："今日寡人举办此宴，意在使诸位尽情欢聚，故请诸位皆拔去帽缨，不拘身份，以更增欢聚之乐。"待所有臣子皆遵从命令，除去帽缨后，楚庄王方下令点燃蜡烛，君臣共饮，尽欢而散。

宫廷宴会结束后，楚庄王与许姬一同返回王宫。许姬对楚庄王未能为她出气表示不解，她说道："大王命我为群臣敬酒，这本是对他们的恩宠，然而他们却对我失了礼数。大王您为何不加以严惩，反而还出面为他们开脱呢？这样的侮辱，大王您怎能容忍？"

楚庄王平静地回应道："今日之宴，本意在于让君臣共欢，加深彼此的情谊。酒后失态，乃是人之常情。若因此追究责任，加以惩罚，岂不是大煞风景？再者，我赏赐美酒，意在让大家尽情畅饮，若因饮酒而失礼，这实乃我之过，岂能为彰显女子贞节而辱没宾客？"

许姬听闻楚庄王之言，方悟其用意深远，心中佩服不已。此事后来传为佳话，被誉为历史上的"绝缨宴"。

三年之后，楚庄王统率大军征讨郑国。在战场上，庄王发现一名将领英勇无畏，率领部下冲锋陷阵，每至战地，皆奋力杀敌，其斗志之高昂，竟使敌军大败。庄王对此极为赞许，战后决定论功行赏。于是召来这位立下赫赫战功的将领，得知其名为唐狡。庄王问道："我见你在此次战役中英勇异常，不知是何原因使你如此奋不顾身？且说出你的愿望，任何赏赐我均可满足。"唐狡在庄王面前恭敬地回应道："臣下不求赏赐，今日之所为，实为报答三年前大王的不究之恩。当年宴会上，臣因饮酒过量，对娘娘有失恭敬，本应受死。然大王宽宏大量，未予追究，且顾及臣的颜面。大王之恩，臣铭记于心。今日得以战场立功，实乃报恩之举。"楚王及在场将士闻听此言，皆深受感动。

古为今用

楚庄王在宴会中化解尴尬，体现了他超凡的智慧和大局观。楚庄王没有因为一时的个人情绪而破坏宴会的和谐氛围，而是以宽容的心态处理问题，既保全了宠姬的面子，又维护了君臣之间的和谐关系。

在处理冲突和矛盾时，我们不应只关注眼前的得失，而应从长远和整体的角度出发，考虑如何最大限度地减少负面影响，维护团队或组织的稳定并促其发展。

在维持与发展的过程中，顾全大局意味着要有宽广的胸怀和远见。我们要学会放下个人的恩怨得失，以集体利益为重。正如楚庄王所展现的，他的宽容不仅化解了尴尬，还赢得了人心，最终在三年后得到了那名战将的忠诚回报。以大局为重，能够赢得他人的尊重和支持，为个人和组织的发展创造更多可能。

顾全大局不仅是个人修养的体现，也是实现长远发展的重要策略。通过宽容和智慧处理问题，我们可以更好地维护和谐的人际关系和社会秩序，为个人的成长和组织的发展奠定坚实的基础。

冯谖讨债，舍卒保车

战国时期，齐国的孟尝君因善于养士而享有盛名。他真诚待人的品质，深深打动了一位才华横溢但生活困顿的士人——冯谖。在受到孟尝君的礼遇后，冯谖决定为他效命。某次，孟尝君有意派人前往其封地薛邑收取债务，询问谁愿前往。冯谖主动请缨，并提出一个疑问："敢问主公，收回的债务将用于购买何种物品？"孟尝君回应道："就买些我家中所无的物品吧。"冯谖随即奉命前往执行任务。

冯谖抵达薛城后，见当地民众闻收债之事皆面露苦色。经过两日的努力，仅得部分款项。冯谖深入民间，了解实情，方知百姓生活困苦，许多负债于孟尝君者，实难偿还。因此，冯谖召集众百姓，郑重宣告："孟尝君发放贷款，本意为济困扶危，非图财利。我此行收债，因孟尝君需资养三千门客，财政紧张。然孟尝君有命，能偿还者，当如数收取；暂无力偿还者，可暂缓征收；至于真正无力偿还者，应焚烧债券，免除债务。"闻听此言，民众无不动容，齐声赞叹："孟尝君真乃我等之恩人也！"

冯谖归来，向孟尝君汇报称仅收回部分资金，并擅自焚烧了大量债券。闻此，孟尝君面色凝重，沉声道："仅得此微薄之财，何以支撑我三千门客之生计？何人授意你擅自焚烧债券？我一直以为你才华横溢，故以厚礼相待，然你竟以此种方式为我效力吗？"

冯谖说："请主公息怒，那里民众生活困苦，即使留有债券，亦难以追回债款。将此债券付之一炬，反倒能赢得民心，收获民众对主公的感激之情。临行前，主公曾言明，若有需求，必当尽力满足。我深觉此地最匮乏者，非金银财物，乃是民众之心。因此，我特地为主公买回民心。”孟尝君在无奈之下，只能表达他对先生的赞赏：“先生的远见卓识，确实令人钦佩。”

然而，随着时间的推移，孟尝君的名声逐渐显赫，秦、楚等国亦对其心生招揽之意，然孟尝君却选择离去。如今，眼见孟尝君在齐国声名日隆，备受器重，秦、楚等国遂派遣使者至齐国，散布不实之词，诋毁孟尝君收买人心，其名声甚至盖过了齐国国君，暗示齐国国君应将王位禅让于孟尝君。齐国国君听信这些谣言，未经深思熟虑，便匆忙罢免了孟尝君的相位，令其返回封地。

孟尝君已遭革职，宰相之印已上交朝廷。昔日之三千门客，此刻尽散，唯冯谖一人，昔日焚烧债券之恩，铭记于心，始终紧随其侧，不离不弃。孟尝君眼见此景，心中难免凄凉。之后，冯谖与孟尝君同乘一车，返回至封地薛城。薛城的民众闻讯孟尝君归来，纷纷离家，齐聚道路两旁以表敬意。他们或携瓜果，或捧鸡鸭，或提酒浆，以示欢迎。面对此景，孟尝君感动落泪，由衷地对冯谖表示：“先生替我购得了民心，您的确为我买来了最重要的东西。”或许，此刻孟尝君才真正感受到了吃亏的好处。

古为今用

冯谖讨债的故事，体现了一种深远的战略眼光和对民心的重视。

我们在做事和处世时，要懂得“舍卒保车”。面对复杂局面，不能只盯着眼前的小利，而应有长远眼光，考虑整体利益。有时需要舍弃一些小的利益，以保全更大的利益。

同时，冯谖的行为也体现了对民心的重视。在维持与发展的过程中，赢得人心是非常重要的。只有得到人们的支持和信任，才能长久发展。这启示我们在现代管理和社会交往中，要重视人际关系的建立和维护，以人为本。这样我们才能在复杂多变的环境中立足，实现可持续发展。

陈子昂一“摔”成名，出奇制胜

陈子昂是唐代杰出文学家，自幼聪颖过人，在四川当地素有才子之名。及至成年，立志赴京谋求更大发展。陈子昂家庭条件优越，身为当地有名的富商之子，进京后购得宅邸一座。然而，他在京城并无亲属，亦无朋友，唯有依靠自身努力奋发进取。

陈子昂久居京城，却因无经验且无人脉，难以结识知名学者。虽满腹经纶，却苦无用武之地。某日，他在街头闲逛，见人群围聚，便好奇探查，原是有人售胡琴。据悉，此琴品质上乘。众人纷纷围观欣赏，售琴者索价百万钱，围观者赞叹不已：“好胡琴。”有购买意向者接踵而至，把玩良久，却因价格高昂而却步。或因囊中羞涩，或因琴心独具，望琴兴叹。

陈子昂见状，挺身而出，向售琴者表示愿以千缗（用于成串的铜钱，每串一千文）购得。售琴者惊喜之余，随陈子昂取钱。围观者既惋惜失之交臂，又对陈子昂之举感到惊奇。有人询问原因，陈子昂答：“千金难买佳琴，我善奏胡琴，岂能错过。”众人未曾听闻陈子昂，皆以为是胡琴高手，便请求演奏。陈子昂欣然应允，约定明日中午于宣阳里陈府献艺。言罢，扬长而去。

围观众人纷纷传扬长安城来了一位胡琴演奏的高手，并约定次日前往其宅邸欣赏其演奏音乐。短短一日，此消息已传遍整个京城。次日上午，陈府门庭若市，众多文人雅士齐聚一堂，期待聆听胡琴之美。只见陈子昂已备好酒菜，胡琴置于席前，他热情地款待来宾，请大家随意用餐饮酒。

然而，客人们来此是听胡琴演奏的，根本没有心思吃饭饮酒，仅草草吃了一些，渴望尽早欣赏陈子昂的琴艺。陈子昂从容地拿起胡琴，对众人说："我陈子昂，蜀中才子，文章百余篇，不远千里来到京城，却鲜为人知。手中这胡琴，仅为卑贱乐工所奏，我何曾对其有所兴趣？"言罢，他将胡琴高举过头顶，猛然摔在地上，客人们不禁发出阵阵叹息。紧接着，陈子昂展示了自己的文章，供众人品鉴。阅读之后，客人们无不赞叹他的文采斐然。如此一来，陈子昂的名声在短短一日之内便传遍了整个长安城。

古为今用

陈子昂的故事，是古代文人出奇制胜的经典案例。他通过"摔琴"这一行为艺术，成功吸引了长安城中达官显贵和文人的注意，从而使得自己的才华得以展现。这个故事启示我们在做事、处世时，需要创新思维和敢于突破常规的勇气。

无论是企业竞争还是个人发展，都需要用"创新"的思维去解决问题。陈子昂之所以能一"摔"成名，正是因为他没有按常规出牌，而是选择了一种与众不同的方式来展示自己。这种敢于打破常规、用"非常规"手段吸引关注的做法，在现代同样适用。

同时，陈子昂的故事也告诉我们，在维持与发展的过程中，需要有敏锐的洞察力和果断的执行力。他敏锐地发现了卖琴老者摊位的特殊之处，并果断地以高价买下胡琴，最终通过摔琴这一行为，成功引起了广泛的关注。

此外，在现代社会，我们还需要学会用差异化的方式去展示自己。陈子昂之所以能脱颖而出，正是因为他选择了与众不同的方式去展现自己的才华。在个人发展中，我们也需要找到自己的独特之处，并用合适的方式去展示，这样才能在激烈的竞争中脱颖而出。

郭子仪单骑见回纥，步步跟进

仆固怀恩，唐朝一代名将，曾协同郭子仪成功平定安史之乱，立下赫赫战功，荣耀无比。随后，他被封为节度使，镇守我国北方重镇朔方。然而，宦官、监军骆奉先误信辛云京的谣言，竟向朝廷诬告仆固怀恩与回纥勾结。仆固怀恩无法自明。这时，朝廷无法平息各方的争议，导致仆固怀恩走投无路而反叛。他深知自身威望不足以与唐王朝抗衡，于是策动吐蕃和回纥两国联手，进犯中原。郭子仪率兵抵御。

唐军初次出兵，仅十万之众，然而因郭子仪声名显赫，北方少数民族皆将他视为活神仙。当他们得知唐军统帅为郭子仪时，一方面出于对其的敬仰，另一方面受其威名所慑，因而未战即退。然而，仆固怀恩并未因此罢手，不久后，他派人联络回纥和吐蕃，欺骗他们郭子仪已被宦官鱼朝恩杀害，劝诱他们联合反唐。名将已逝，无畏惧矣。于是，仆固怀恩再次率三十万联军攻唐，连战连胜，直逼泾阳，长安亦受到威胁。郭子仪奉命率领一万精兵急赴泾阳平定叛乱，面对遍野之敌，郭子仪深知形势严峻。他一面指挥将士筑垒防御，严禁与敌交战，一面派遣探子侦查敌军动态。

恰逢郭子仪忧虑之际，民兵通报称，仆固怀恩突然因病辞世。他们原本由仆固怀恩引领而来，如今仆固怀恩离世，吐蕃与回纥失去了中间的联系和协调者。双方皆欲争夺指挥权，互不相让，导致两股力量难以融合，矛盾逐渐升级。两军各自驻扎，吐蕃位于东门外，回纥则于西门外。鉴于联军的内部分歧，郭子仪心生一计，决定采取分化策略。鉴于安史之乱期间，回纥将领曾与郭子仪并肩作战，共同对抗安禄山，因此郭子仪意图借助这一历史纽带，争取回纥将领的支持。

郭子仪秘密派遣部将李光瓒，前往回纥营地拜见回纥都督药葛罗。李光瓒恭敬地向药葛罗表示：“郭令公派遣我前来询问，回纥与我大唐一向保持友好关系，为何竟听信小人谗言，前来侵犯我大唐领土？”药葛罗闻听郭子仪仍然在世，颇感震惊：“郭令公尚在人世？传闻郭令公早已遭奸人陷害，此言岂非误导我等？即使如此，我亦不会因此撤军。”李光瓒向药葛罗传达：“郭令公的确未曾离世，现正于泾阳驻扎。”药葛罗为人重情重义，闻听此事不胜欣喜，但为确保无误，他对李光瓒表示：“欲使我信服，除非郭令公亲自前来，让我目睹，方能确信无疑。”李光瓒无法以言语证明，只得返回如实禀报。

郭子仪在获悉此事后，决定亲自出马，以叙旧之情为契机，或许能说服回纥撤军。这一消息在军中传开，将士们虽对和平谈判抱有期望，但对郭子仪的安危深感忧虑，担心回纥有诈，纷纷劝阻其亲往。然而，郭子仪坚定地表示：“为了国家的利益，我早已将生死置之度外。倘若能在回纥营中成功斡旋，便可避免一场战争，为天下带来和平，何乐而不为？”尽管将士们仍不放心，提议派遣五百名精锐士兵护卫，但郭子仪担心此举会引起回纥的误解，误以为有袭击之意，因此仅带领几名随从，毅然前往回纥大营。

郭子仪临行之际，其子郭晞驻足马前，泪眼劝阻父亲：“回纥军势如猛虎，父亲身为大唐统帅，岂可独身犯险？”郭子仪神色淡然回应：“当前敌众我寡，若唐军与回纥交战，你我二人生命亦难以保全。此事关乎国家存亡，若国家覆灭，个人安身立命之处又在何方？与其坐以待毙，不如尝试说服回纥退兵。此次出使若能使回纥撤军，无疑是国家之幸；若未能成功，国家安全便寄托于你们矣。”

当回纥士兵发现有人急速接近时，立即向药葛罗汇报。药葛罗与回纥将领迅速部署兵力，拉开阵势，搭箭在弦，严阵以待。郭子仪抵达回纥营地，果断下马，以展示诚挚的和谈态度，他卸下头盔，脱去战甲，放下武器，从容步入回纥营地。回纥将领们见状，惊呼：“啊，原来是郭令公！”药葛罗目睹郭子仪后，倍感欣喜，立即命人设宴款待。

宴会上，郭子仪询问：“我国与回纥关系友好，回纥在平定安史之乱中立下赫赫战功，我国亦未薄待你们。为何今日会与吐蕃联合侵犯我国？”药葛罗回应：“我们受骗了，仆固怀恩声称您已战死，朝廷陷入混乱，我们才敢前来。”郭子仪听后，颇为无奈地叹息，语气中透露着责备：“我国对你们满怀诚意，你们怎能背弃盟约，协助叛臣攻伐我国？吐蕃正是意图利用你们与我国交战，以便趁机谋取利益。我今日孤身前来，旨在劝诫你们悬崖勒马，同时已做好以身犯险的准备。”药葛罗愧疚地说：“令公切勿如此言说，我们也是受人蒙蔽，误以为大唐气数已尽。若已知您仍然在世，断不会对唐开战。”

郭子仪见状，缓言相劝：“若贵国愿助唐军击退吐蕃，我方愿将吐蕃所掠之物全数归还。此举既有助于巩固两国友好关系，亦能互利共赢。”药葛罗正值与吐蕃敌对之际，闻言愤然说道：“郭令公所言甚是，我等受吐蕃蒙蔽。我国愿与大唐联手，攻打吐蕃，以弥补过往之过。”药葛罗是回纥王之弟，据此有权决策军中要事，遂代表回纥与郭子仪立誓结盟。

吐蕃在得知郭子仪单骑访问回纥营地之事后，顿时感到局势突变，对其不利。担忧唐军与回纥联手发起突袭，于是连夜整顿营寨，准备撤离。郭子仪与回纥联军乘胜追击，吐蕃军队大败。不久之后，回纥亦撤回兵力。此战之后，边境地区一段时期内安宁无事。

古为今用

郭子仪单骑见回纥的故事，展现了其超凡的胆识与智慧。在面对强敌时，他没有选择硬碰硬，而是采取了更为灵活的策略。他通过直接与回纥沟通，步步跟进、及时应对，化解了双方的误会，避免了不必要的冲突。

步步跟进体现在以下五个方面：

第一，以柔克刚（非武力威慑）。

郭子仪仅率数骑直面回纥大军，以“无武装”姿态展现和平诚意，用柔性姿态消解对方敌意，避免直接军事对抗。

第二，借势破局（利用个人威望）。

通过“免胄示诚”（脱下盔甲以示无战意）和“自陈身份”，将自身数十年威名转化为心理威慑，迫使回纥首领权衡利弊。

第三，情感绑架（唤醒旧谊）。

以“背弃盟约”为由，唤起回纥对往日盟友的情感记忆，将战争矛盾转化为“忘恩负义”的道德压力。

第四，利益重构（制造共同敌人）。

将回纥与吐蕃的联合归为“被误导”，提出“共击吐蕃，取其牛羊”的新利益方案，重构双方关系。

这个策略组合体现了中国传统“兵不厌诈”思想中“谋”高于“力”的核心原则。

在现代社会，无论是工作还是处世，步步跟进、及时应对变化是非常重要的。我们需要像郭子仪那样，敏锐地捕捉信息，及时作出判断和决策。同时，我们也需要有勇气面对困难和挑战，敢于采取行动。正如郭子仪单骑见回纥一样，有时候需要我们亲自出面，去解决问题。

此外，这个故事也启示我们，在维持与发展的过程中，要善于利用各种资源和关系。郭子仪利用与回纥的良好关系，成功化解了危机。在现代社会，我们也需要善于建立和维护人际关系，这将有助于我们在面对问题时，能够找到更多的解决方案。

秦昭襄王用人不疑，领导的信任

秦昭襄王是战国时秦国国君，名稷，亦称秦昭王。秦灭周后，列国诸侯更不敢得罪秦国了，各国使者络绎不绝地来到咸阳道贺进贡，但唯独魏国没有派出使节。对此，秦昭襄王非常气愤，计划让王稽去征伐未能进贡的魏国。由于王稽和魏国关系友好，就将这一重大消息偷偷派人去告诉魏安釐王。魏安釐王获悉这一消息后，大吃一惊，为了使魏国的百姓免受兵戈之灾，他立刻派太子亲自前往秦国赔礼道歉。这样，韩、齐、楚、燕、赵、魏六国都归顺了秦国。秦昭襄王看着此时强大的秦国心里很是自豪。

没过多久，王稽暗中向魏国送信的事泄露了。秦昭襄王很是愤怒，心想这个王稽实在太可恶了，竟然与魏国私通，此举不仅无视秦昭襄王的权威，更有内奸之嫌。他越想越生气，于是判处了王稽死罪。王稽一获罪，秦国丞相范雎便坐卧不宁。因为按照秦国惯例，如果推荐的人才下狱，或者具有严重问题，亦会对推荐者治罪。而王稽是范雎力荐给秦昭襄王的人才，如今他涉嫌与魏国勾结，这一罪行无疑严重到极点，因此，作为王稽的担保人，范雎也将面临相应的责任追究。此外，范雎此前还曾向秦昭襄王推荐过郑安平，而郑安平后来同样叛逃至魏国。

于是范雎打扮成罪人的样子，把自己捆绑起来，来到秦昭襄王的宫中谢罪，只见他跪在地上，恳请秦昭襄王处罚他。秦昭襄王对此感到吃惊，问道：“丞相这是做什么啊，何以要扮作罪人？快快起来啊！”可范雎依旧跪在地上，不肯抬头，说：“大王，我推荐的王稽和郑安平均已投靠魏国，作为推荐者，我承担着深重的责任，未能洞悉他们的本性，恳请您对我施加惩处。”秦昭襄王哈哈大笑，说：“郑安平和王稽都是我委以重任的，并下令让他们率兵外出打仗的，是我用人失察，与你无关。”说着，就让人给范雎松绑，让他回家去了。

这件事后，秦国的大臣们并不像秦昭襄王那样想，他们还是会私下议论：“范丞相的功劳太大了，以至于犯了罪，大王都不敢惩罚他。”还有的说：“大王对丞相太宽大了。”总之这种话不绝于耳，使得范雎深感压力，因而减少了外出。秦昭襄王后来也听到这些议论，担心范雎受此影响，就又下了一道命令：“王稽犯了死罪，已被满门抄斩，这是他罪有应得，与他人无关，以后谁也不许再提这件事了。”同时，秦昭襄王格外关照范雎，经常赏赐他一些物品，旨在消除朝臣们的成见。在秦昭襄王的支持下，无人敢再公开非议此事了。

古为今用

面对范雎推荐的王稽和郑安平背叛秦国这样的变故，秦昭襄王并没有责怪范雎，也没有动摇对他的信任。秦昭襄王的这种处理方式，展现了其作为一位伟大领导者的智慧和胸怀。他的信任不是盲目的，而是建立在对范雎深思熟虑的了解和判断之上。他知道范雎的才华和忠诚，同时也明白在复杂的政治环境中，任何人都可能遇到意料之外的挑战。秦昭襄王没有让短期的挫折影响到他对范雎长期的判断和信任，这种稳定的心态和对人才的宽容态度，是领导者应有的品质。

在现代领导中，范雎的故事同样具有重要的启示意义。首先，领导者的信任是团队凝聚力和动力的重要来源。信任能够激发员工的积极性和创造性，让他们更加忠诚和投入。其次，领导者需要具备宽容的心态，能够理解和接受团队成员的失败和错误。在错误发生时，领导者应该给予支持和帮助，而不是一味的责备和惩罚。这样的领导风格有助于营造一个更加健康和积极的工作环境。最后，领导者在面对挑战和危机时，需要保持冷静和理性，用长远的眼光看待问题，而不是被短期的情绪所左右。

在处理人际关系和团队管理时，秦昭襄王和范雎的故事也提供了一个很好的范例。领导者应该学会在信任和监督之间找到平衡点，既不放任自流，也不过度干预。此外，领导者还需要具备识人之明，能够根据每个人的能力和特点，合理地安排职位和任务，使得每个人都能在其擅长的领域发挥出最大的潜力。

总之，范雎和秦昭襄王的故事告诉我们，一个优秀的领导者不仅要有卓越的才能和远见，更要有宽广的胸怀和坚定的信任。在现代企业管理中，这样的领导智慧和人格魅力，同样是构建高效团队和维持长期稳定发展的关键。